飛廉

岡田恵太 造形作品集＆製作過程技法書

飛廉

岡田恵太
造形作品集&製作過程技法書

INTRODUCTION 寫在前面　004

GALLERY 005

ORIGINAL WORKS 005

GAME, FIGURE,
MAIN VISUAL, FAN ART 086

ZBrush, Photoshop, KeyShot Making

Sculpt&3D 輸出製作過程　098

01 Dragon head Making 099

1 粗略堆土（ZBrush） 099
2 雕塑鱗片與皺紋　100
3 雕塑細部細節　102
4 最後修飾　103
5 彩現（KeyShot→Photoshop）　104
6 以 Photoshop 進行複合處理　106

02 **Lion Making** 108

1 粗略堆土（ZBrush） 109
2 齒列與尖牙 111
3 身體的造形 112
4 製作背景 114
5 製作鬃毛 115
6 臉部的完工修飾 116
7 彩現（KeyShot→Photoshop） 119

03 **Dragon's body Making** 122

1 粗略堆土（ZBrush） 122
2 雕塑身體零件 124
3 身體的造形 125
4 雕塑棘刺、鱗片與鬚鬚 127
5 毛髮的雕塑 129
6 彩現（KeyShot→Photoshop） 130

04 **Dragon Knight concept model** 131

1 製作西方龍的概念模型 131
2 製作騎士的概念模型 133

05 **3D Printing** 136

1 分件指示 137
2 增加肉厚 138
3 輸出 139

DESCRIPTION 作品解說 140

AFTERWORD 結語 143

　　能夠出版本書《飛廉》，對我來說是一件再高興不過的事情。這是截至目前為止，包含 CG 作品在內，將我處於各種不同的情感背景製作而成的作品並集結在一起的一本書。我由衷地感到非常的光榮。

　　我自幼就喜歡勞作和畫畫。經常在圖畫紙上描繪西方龍和中國的龍。即使是小孩子愛看的《超人力霸王》，我也是比較喜歡敵方的怪獸角色。直到現在我個人的喜好，以及喜愛創作生物的部分，我覺得從小時候起一點也沒有變。小學、中學一直到高中時期，足球是我主要參與的運動項目。但在課堂中，我總是在畫畫；喜愛繪畫這點是一直不變的興趣。當我在高中 3 年級，思考未來出路的時候，了解到自己還是比較想要從事最喜歡的繪畫工作。為了能夠考進美術專門學校，我在足球社的活動結束後，開始在美術社露臉，請老師指導我繪畫。

　　後來當我進入大阪的美術專門學校，才開始接觸到 Photoshop 和數位繪圖板。一開始的學習過程非常艱苦，因為當時我慣用的右手手腕才剛手術過，還記得一直到習慣為止，耗費了非常多的時間。到了 2 年級，我改為專攻 3D 繪圖。因為我覺得能夠以與繪畫不同的角度來呈現作品，是一件非常有趣的事情。可惜當時我還不太知道有 ZBrush，一直使用 LightWave 來製作作品。

　　畢業後我進入大阪的一家遊戲公司就職，但因為想要學習更多 ZBrush 的技術，也想要在東京活動，所以就來到了東京。我帶著在搬家公司打短工存下來的 50 多萬日圓，充滿幹勁地來到東京。不過剛開始完全找不到入行的門路，為了討生活只能一邊在工地搬運重物，登高作業打粗工，一邊在借宿的人家裡學習如何使用 Zbrush。

　　平常時清晨 4 點就起床上工，過了中午才回到家，去健身房鍛鍊之後，在家中學習 ZBrush，然後 22 點上床就寢。忙的時候甚至還有一段時期持續日班，夜班，日班，夜班的輪班，一天的睡眠時間只有 3 個小時。那個時候，我相信只要肯努力、肯行動，一定能有一番作為。當時我一直這麼想著。也多虧這樣，我做了很多傻事，也因此累積了許多不同的經驗。後來我順利找到一家遊戲公司的工作，學習到如何領導團隊的經驗，以及商業書信的寫法、職場上的禮儀等。接著我成了自由業者，然後總算現在成立了株式會社 Villard 這家公司。

　　這本《飛廉》是我經歷了上述這些各式各樣不同經歷後，一點一點累積而成的作品。既有志得意滿的時候，也有消沉低落的時候以及開心的時刻，我相信當時的情感或多或少都會反映在那個時候的作品上。

　　我非常開心看到本書的出版，然而此處仍非我的目標終點。為了要更加精進技巧，為了要變得更加強大，我還要繼續努力，直到有一天可以對自己說一句「你努力過來了呢」為止。

　　承蒙許多的朋友，家人，前輩的相助，才有今天的我。所謂的人生，就是由一路走來不斷的選擇累積形成的結果。只要開始行動，你的人生一定會有所改變。

　　最後，希望本書能對將本書拿在手上的朋友的人生產生即使微少，但仍能起到一點點催化作用的話，就是我的最大榮幸了。

岡田惠太

GALLERY
ORIGINAL WORKS

THE SONG OF
TIGER AND DRAGON

Original Sculpture, 2018
collaborate with Manasmodel

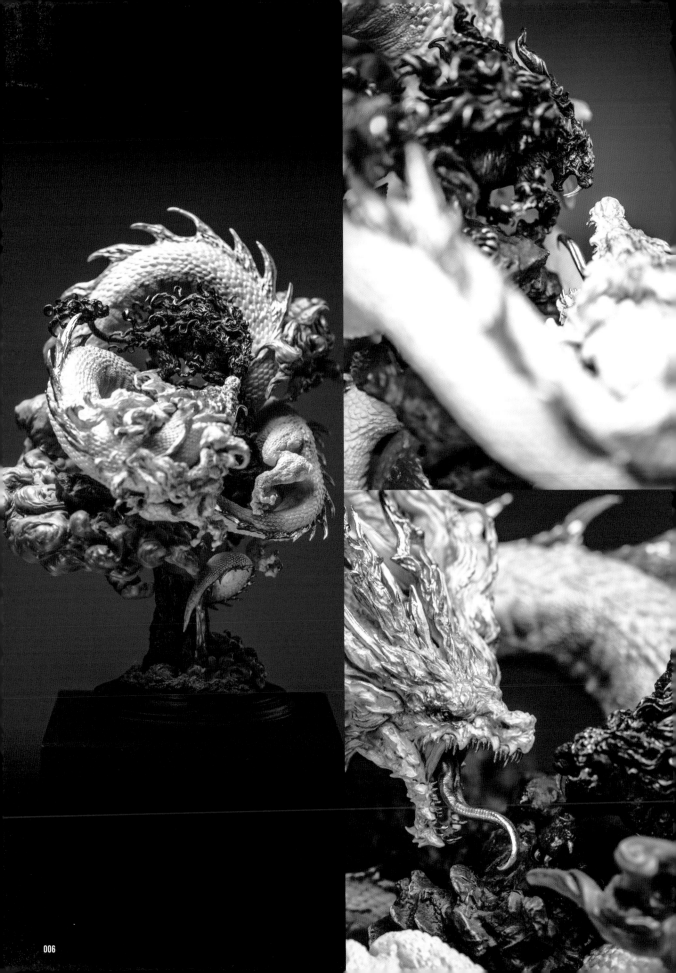

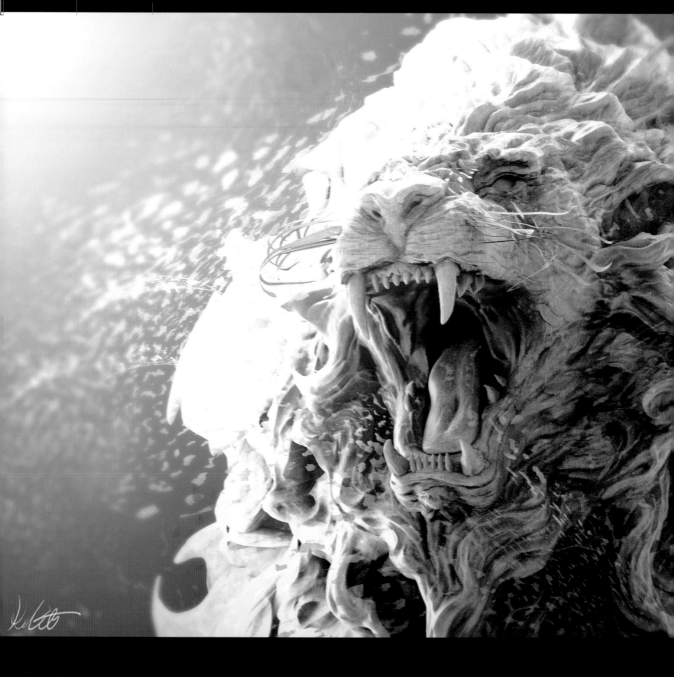

LION
荒獅

Original Sculpture, 2017
collaborate with Manasmodel

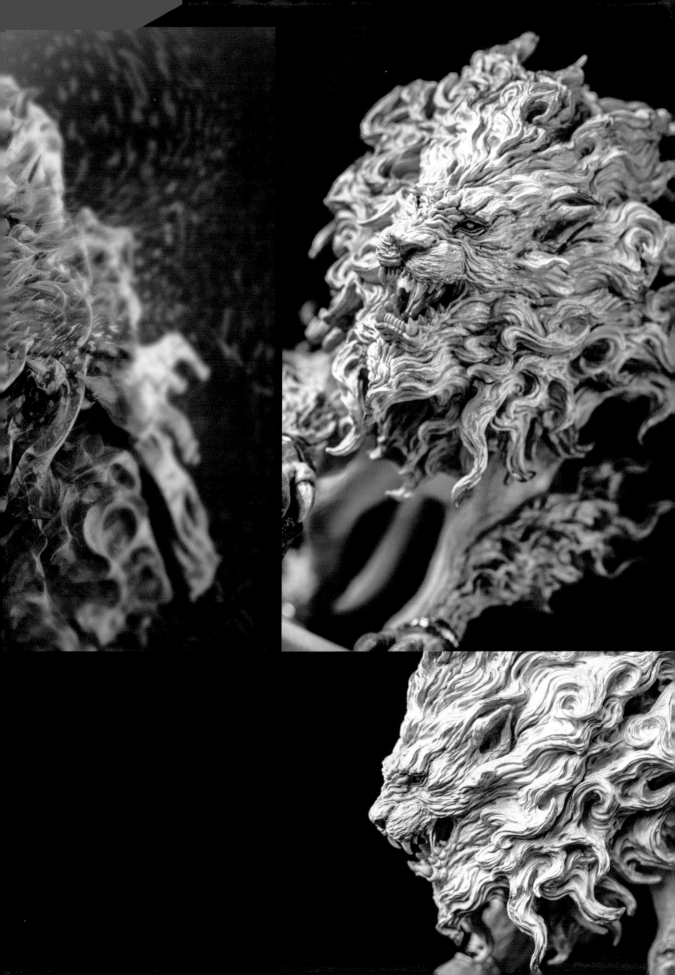

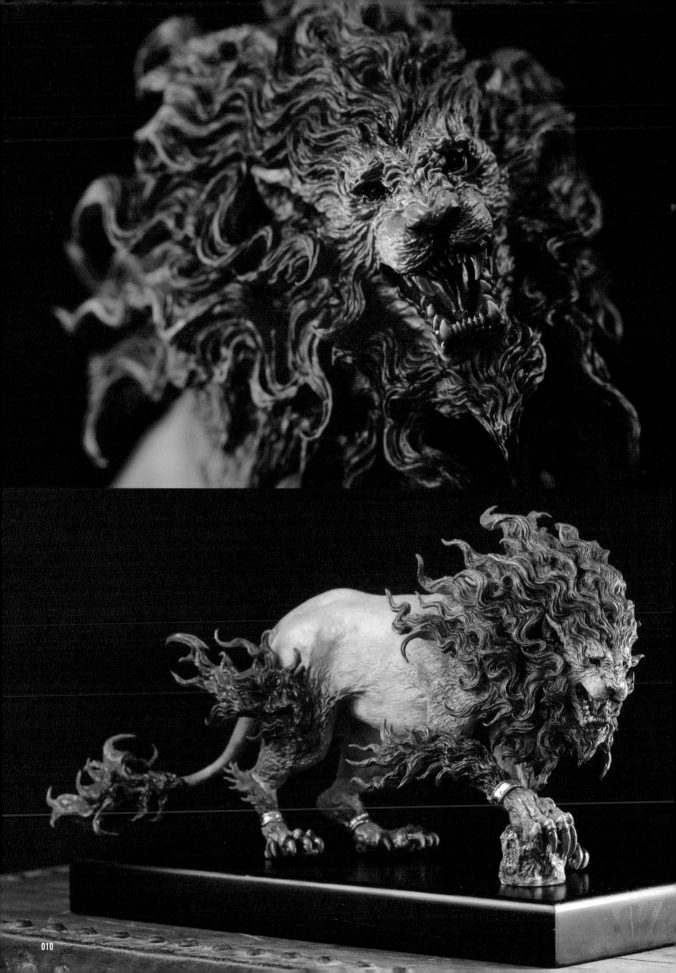

CRIMSON DRAGON KING
深紅的龍王
Original Sculpture, 2017

012

CREATURE DESIGN
DARK FANTASY,DRAGON
Original Sculpture,2016

DRAGON ART
Original Sculpture,
2016

DRAGON'S CONCEPT
Original Sculpture, 2017

OPTION MODEL

鯉魚躍龍門

Original Sculpture, 2018

DRAGON'S CONCEPT MODEL
Original Sculpture, 2018

BAHAMUT

Original Sculpture, 2016

DRAGON'S CHESS MODEL

Original sculpture, 2016

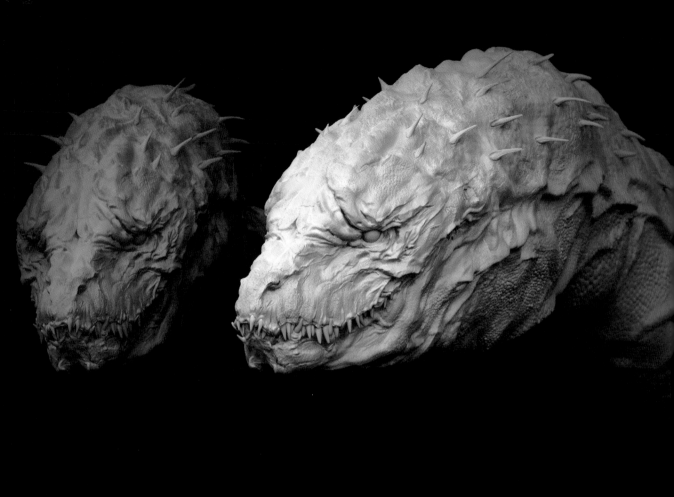
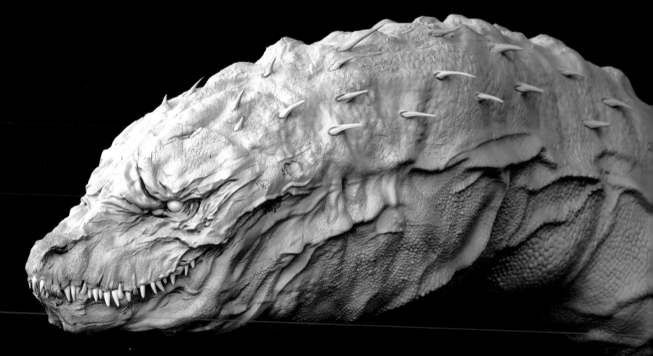

DRAGON'S CONCEPT2

Original Sculpture, 2017

DRAGON'S CONCEPT3
Original Sculpture, 2017

DRAGON'S CONCEPT4

Original Sculpture, 2017

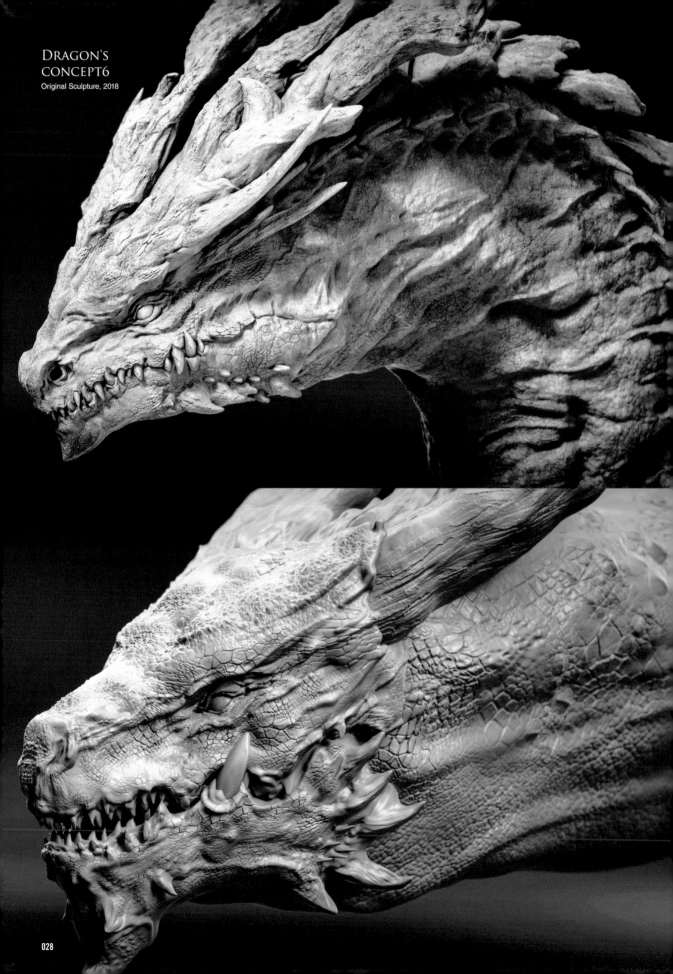

DRAGON'S
CONCEPT6
Original Sculpture, 2018

028

HEAVY DRAGON
Original Sculpture, 2016

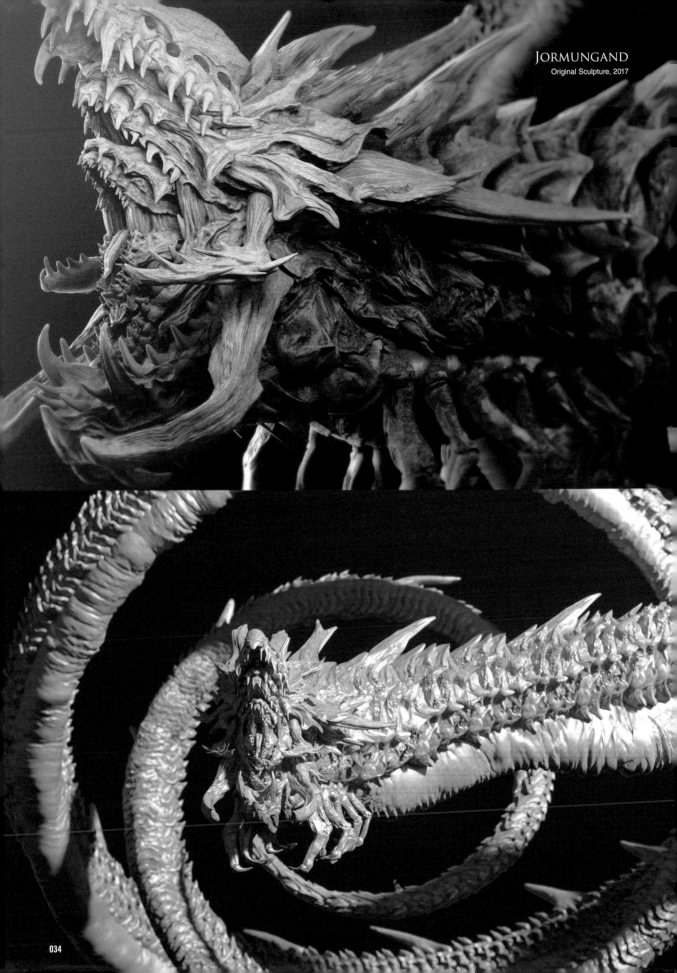

YELLOW DRAGON
Original Sculpture, 2018

SPEED SCULPT WYVERN
Original Sculpture, 2016

DRAGON ROUGH SCULPT
Original Sculpture, 2017

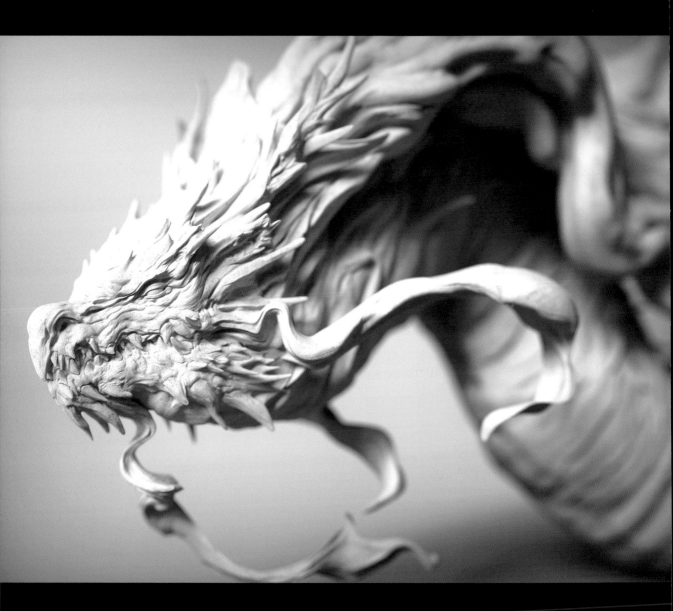

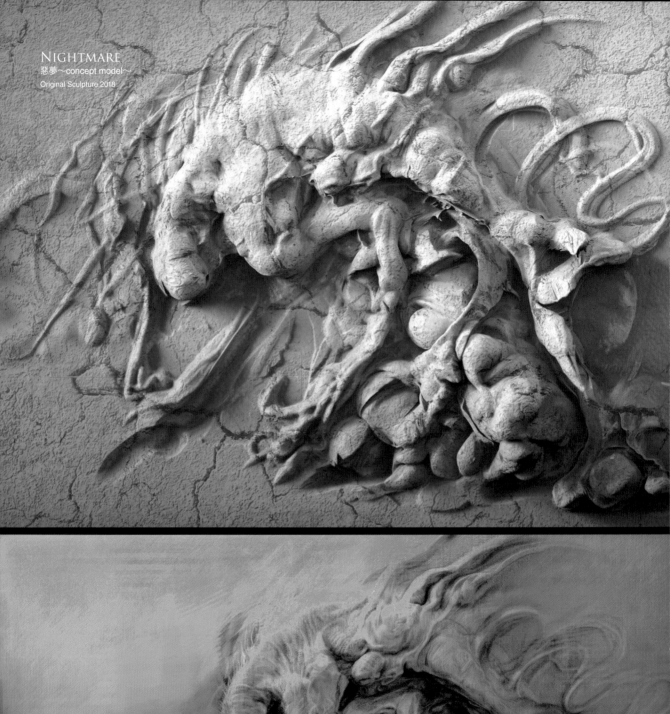

NIGHTMARE
惡夢〜concept model〜
Original Sculpture,2018

CREATURE TYPE DRAGON
Original Sculpture, 2016

DRAGON & GOBLIN

Original Sculpture, 2015

DRAGON'S CONCEPT7
Original Sculpture,2017

WYVERN
Original sculpture,2018

SPEED SCULPT DRAGON
Original sculpture,2016

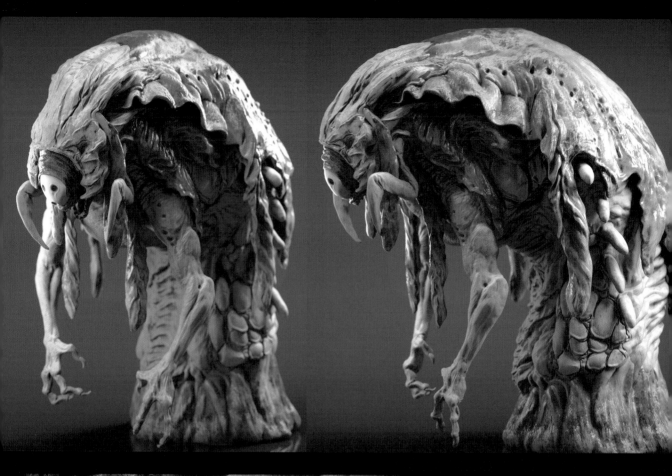

A MASKANT

Original Sculpture, 2018

PEOPLE OF VARIANT

Original sculpture, 2015

COUNTER PLAY
Original Sculpture, 2018

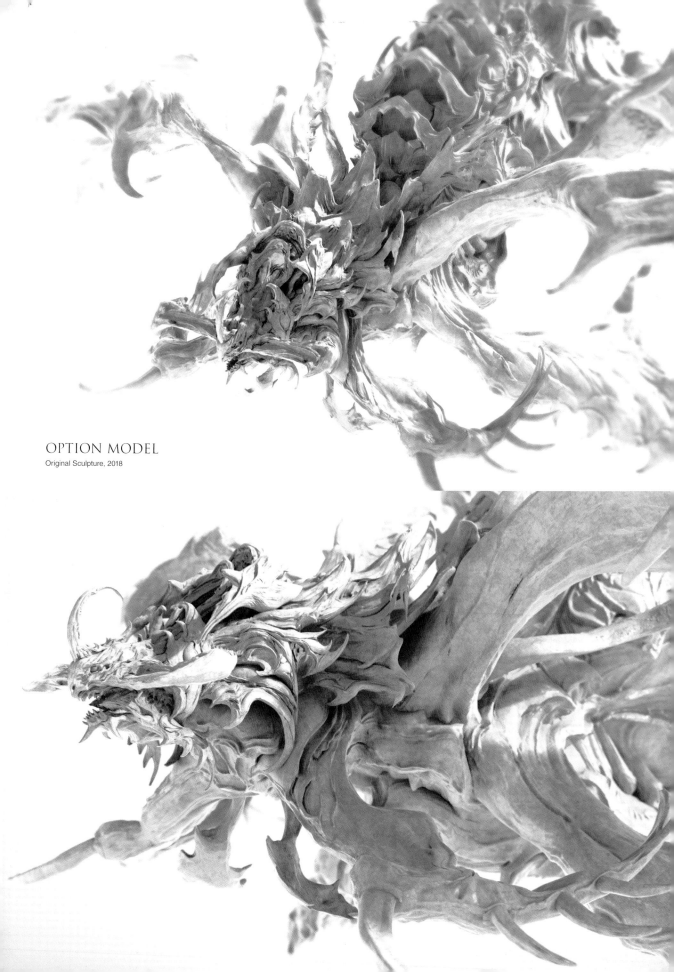

OPTION MODEL
Original Sculpture, 2018

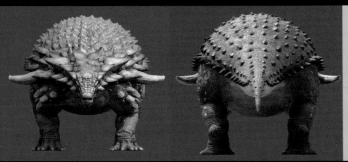

NODOSAURIDAE
Original Sculpture, 2018

DINOSAUR
Original Sculpture, 2015

Saber-toothed cat

Original Sculpture, 2016

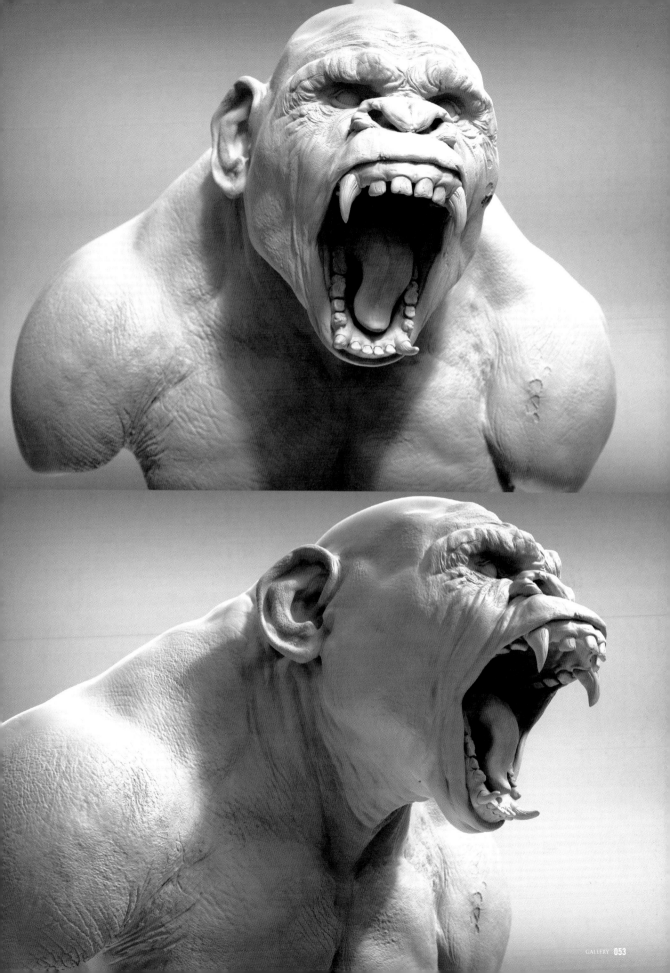

DEVIL
Original Sculpture,
2016

MONSTER OF THE DESERT
Original Sculpture, 2018

CREATURE CONCEPT
Original Sculpture, 2018

REAPER
Original Sculpture, 2016

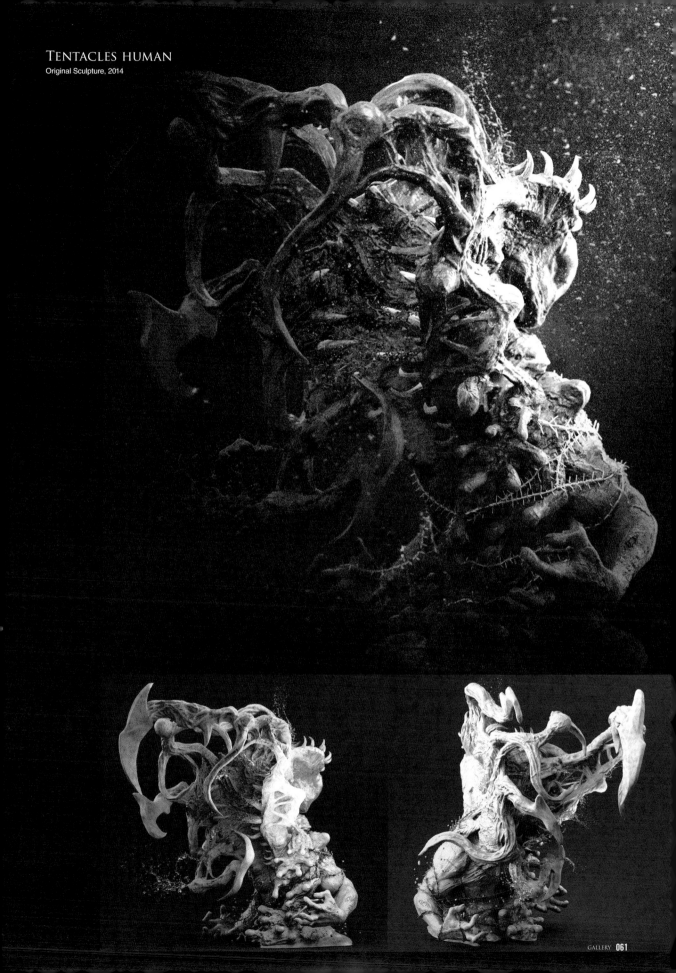

TENTACLES HUMAN
Original Sculpture, 2014

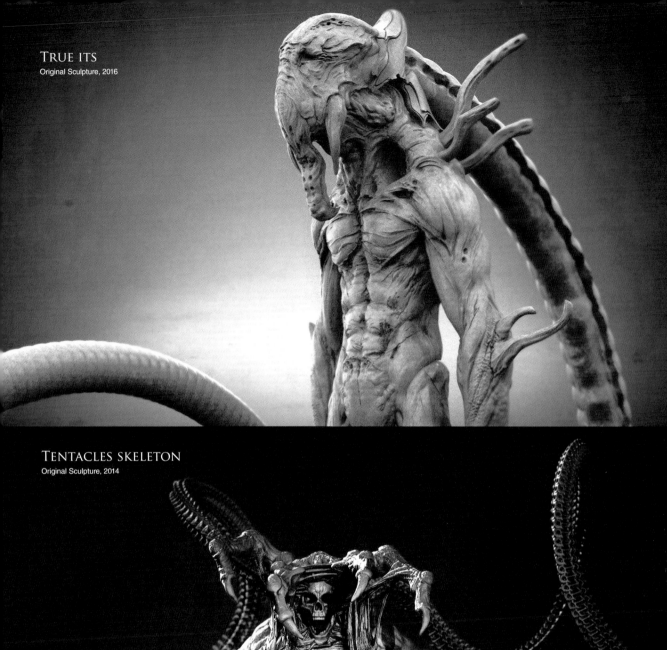

TRUE ITS
Original Sculpture, 2016

TENTACLES SKELETON
Original Sculpture, 2014

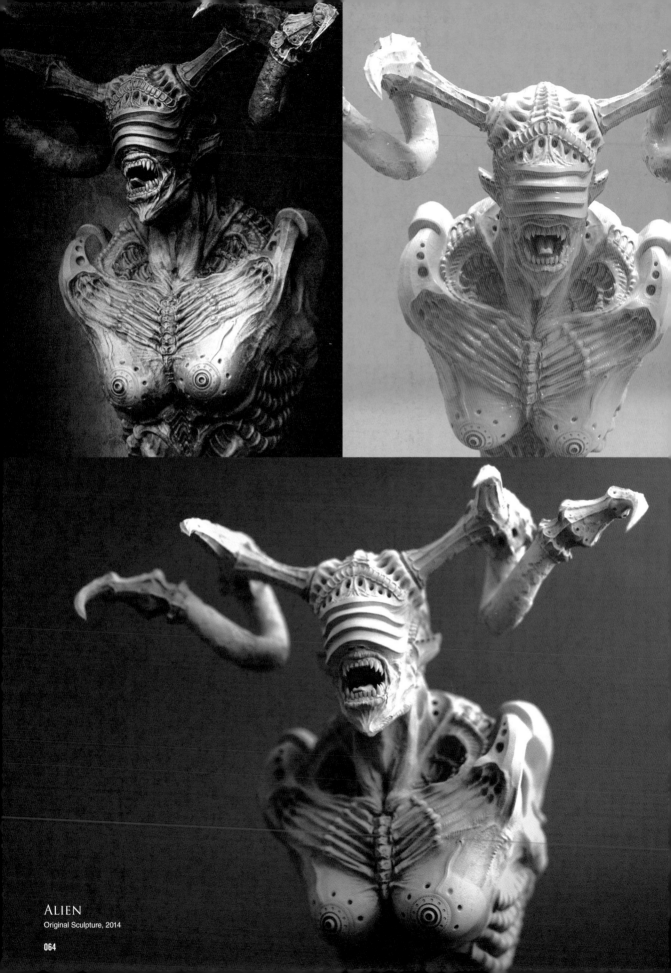

ALIEN
Original Sculpture, 2014

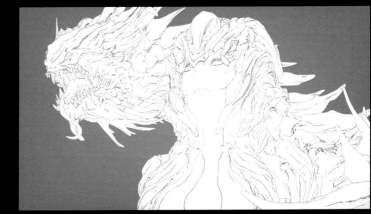

FEMALE KNIGHT & DRAGON

Original Sculpture, 2017

FISHBONE GLADIATOR
Original Sculpture, 2014

FOUNDER
Original sculpture,2017

MONKEY KING - SON - GOKU
孫悟空

Original sculpture,2018

DRAGONEWT

Original sculpture, 2017

GRIFFIN PHANTOM BEAST
獅鷲 幻獸
Original Sculpture, 2019

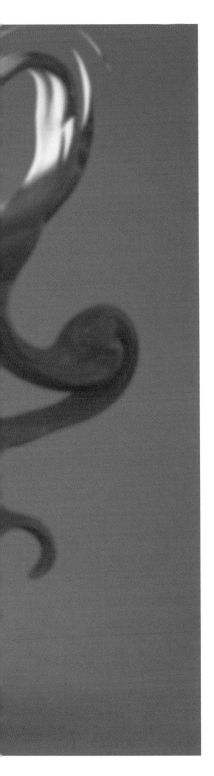

MYSTICAL DOG
Original sculpture,2018

Sacred phantom beast

神 幻獸

Original Sculpture, 2019

SQUIRREL PHANTOM BEAST
花栗鼠 幻獸
Original Sculpture, 2018

CHIMERA
PHANTOM BEAST
合成獸 幻獸
Original Sculpture, 2018

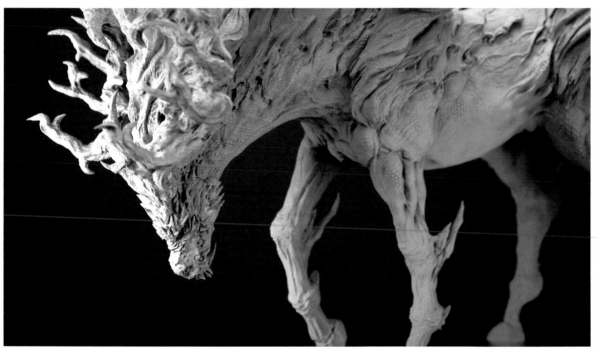

WOLF PHANTOM BEAST
狼 幻獸
Original Sculpture, 2018

THE DIVINE DEER 神鹿
Original Sculpture, 2018

THE PHOENIX
Original Sculpture, 2018

OGRE
Original Sculpture, 2019

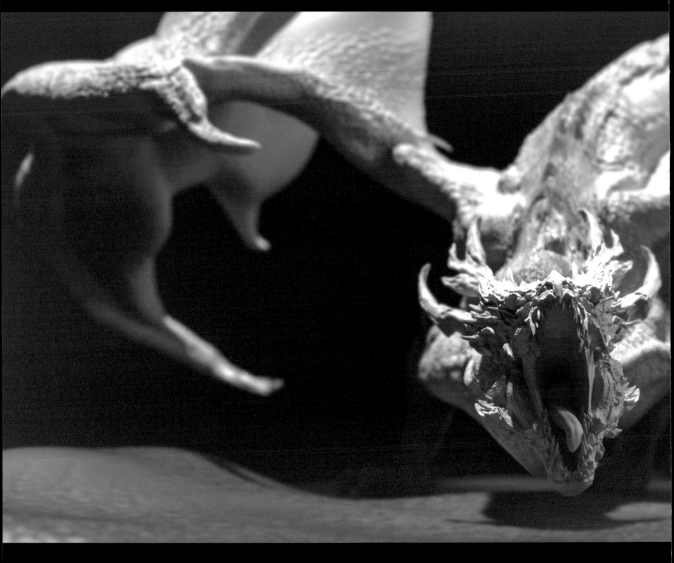

Dragon's Concept
Original Sculpture, 2019

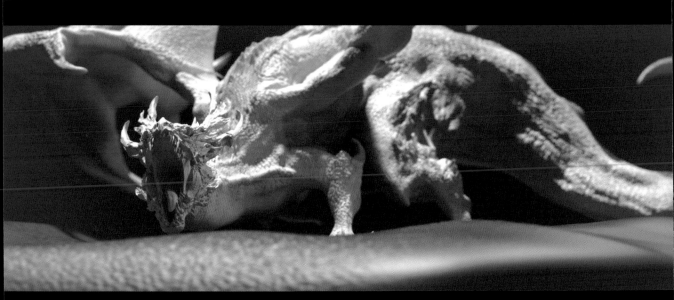

USHI-ONI

牛鬼

Original Sculpture, 2019

GAME, FIGURE,
MAIN VISUAL,
FAN ART

EVIL EXISTENCE

Statue design, 2017

© Wicked Foundations™ Games

and Accessories, LLC

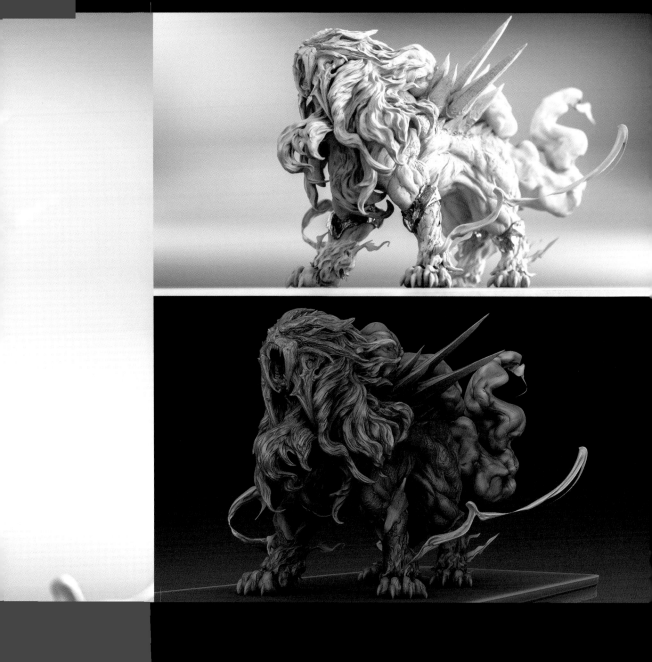

LEAGUE OF LEGENDS
2017 WORLD CHAMPIONSHIP

Main visual, 2017
Created in collaboration with
Riot Games artists and Cristiano Rinaldi.

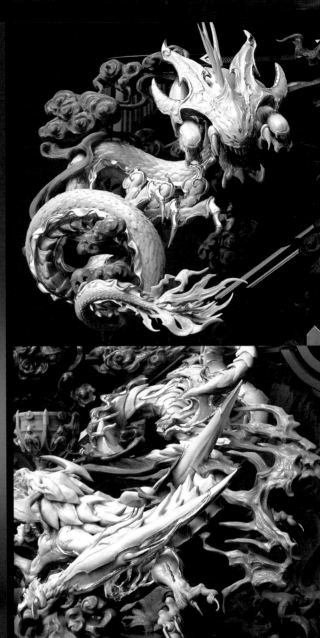

『N.E.O™』A BOSS WITH A HAWK MOTIF
頭目設計 獵鷹設計母題
Character design, 2016
©2018 Black Beard Design Studio.inc

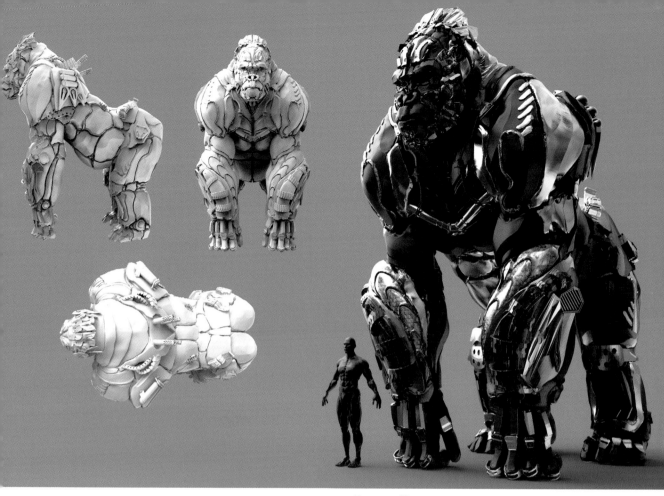

『N.E.O™』A BOSS WITH A GORILLA MOTIF

頭目設計　大猩猩設計母題

Character design, 2016 ©2018 Black Beard Design Studio.inc

『N.E.O™』A BOSS WITH A MONKEY MOTIF

頭目設計　靈猴設計母題

Character design, 2016 ©2018 Black Beard Design Studio.inc

『N.E.O™』A BOSS WITH A WOLF MOTIF

頭目設計　惡狼設計母題

Character design, 2016 ©2018 Black Beard Design Studio.inc

『N.E.O™』A BOSS WITH A LEOPARD MOTIF
頭目設計 黑豹設計母題
Character design, 2018
©2018 Black Beard Design Studio.inc

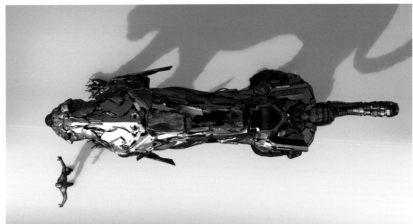

『N.E.O™』A BOSS
WITH A
RHINO MOTIF
頭目設計 犀牛設計母題
Character design, 2016
©2018 Black Beard
Design Studio.inc

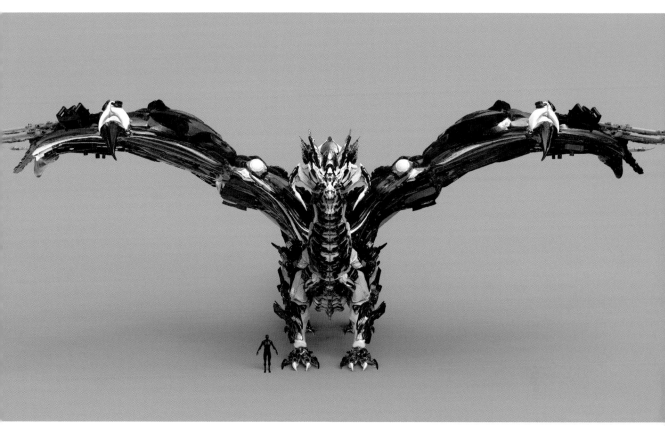

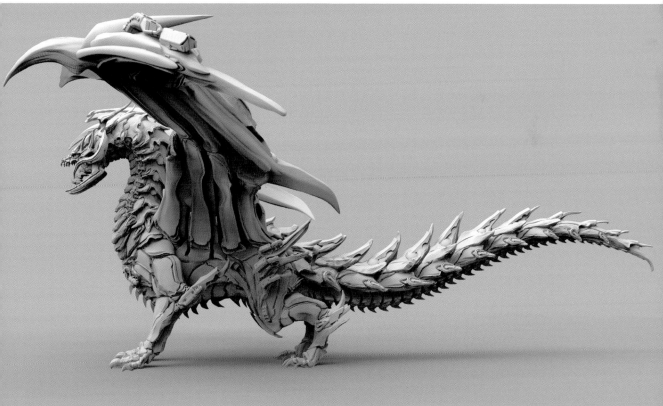

『N.E.O™』 A BOSS WITH A DRAGON MOTIF
頭目設計 西方龍設計母題
Character design, 2017
©2018 Black Beard Design Studio.inc

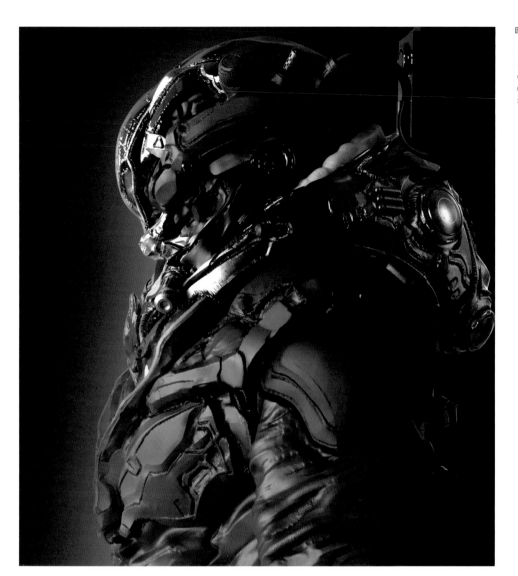

『N.E.O™』
MAIN CHARACTER
主人公
Character design, 2017
©2018 Black Beard Design
Studio.inc

『 N.E.O™ 』 PARTNER
夥伴

Character design, 2018
©2018 Black Beard Design
Studio.inc

ZBrush, Photoshop, KeyShot Making

Sculpt & 3D 輸出製作過程

海內外人氣極高的雕塑造形家・岡田惠太氏的造形作品。在此要為各位解說這些充滿氣勢的作品是如何誕生的製作過程。

O1

Dragon head Making

挨咬一口血肉骨骼都要支離破碎的兇惡西方龍。透過鱗片與尖牙的細部細節將殘虐暴戾的要素與氣氛表現出來。

意象畫
首先以 Photoshop 試著描繪出意象。於是呈現出像這樣的兇惡意象。再以此意象為參考進行雕塑。

software
- ZBrush 2018
- Adobe Photoshop CC 2017
- KeyShot7 Pro

1 粗略堆土（ZBrush）

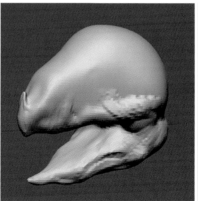
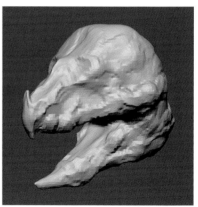

1 首先由 Sphere 以 SnakeHook 筆刷製作出形狀。

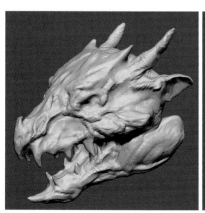

2 使用 ClayBuildup 筆刷與 Slash 筆刷粗略的雕塑。

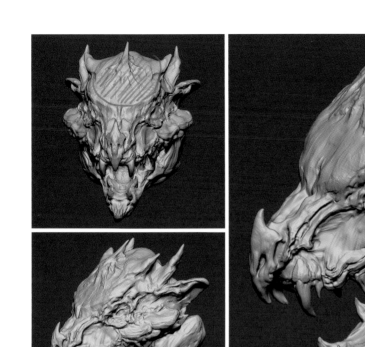

3 一邊意識到正面和斜側面角度的形狀，一邊進行雕塑。

2 雕塑鱗片與皺紋

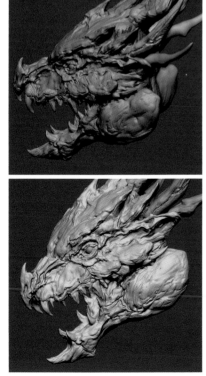

1 以 Slash 筆刷的運用為主，一邊將西方龍臉上的深皺紋刻畫出來，一邊追加鮮明的細部細節。

2 變更材質的顏色，可以更容易確認臉上的高光部位。

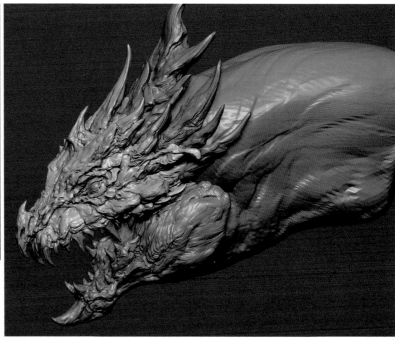

3 臉部的細部細節製作完成之後，在輔助工具列追加
Sphere，以 SnakeHook 筆刷製作出延伸的頸部。

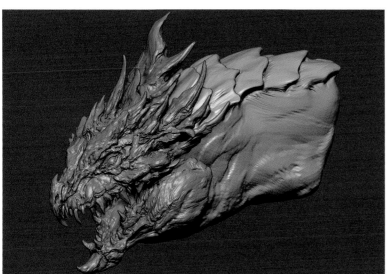

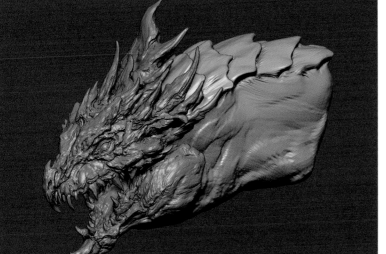

4 使用 SnakeHook 筆刷雕塑頸部較大的鱗片。

5 以 Slash 筆刷在剛才製作完成的較大鱗片加上細部細
節。

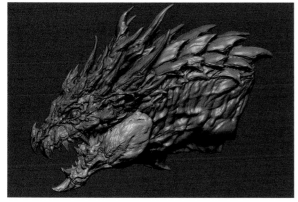

6 生成 DynaMesh 動態網格，切換 Subdivision Levels 進行作業。

7 在想要 apply 應用鱗片 Alpha 的部分加上遮罩，然後反轉遮罩，為鱗片追加細部細
節。

8 以 ZRemesher 自動重新拓樸之後，使用 Project All 謄寫原本的細部細節。將這樣的處理方式施加於臉部、頸部等各身體零件。

3 雕塑細部細節

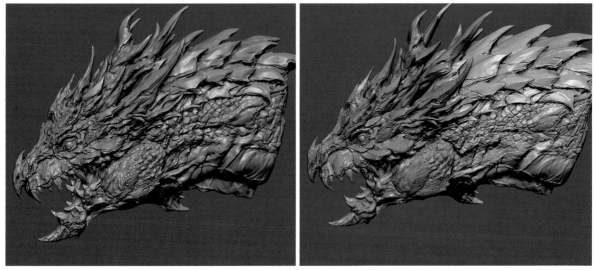

1 使用 hPolish 筆刷，將整體形狀整理成清晰鮮明。

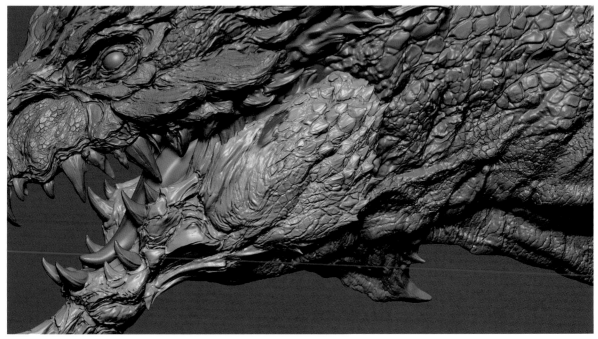

2 製作口部較細微的細部細節。追加口部下顎附近如同鱗片般的細部細節，以及尖牙的生長邊際間隙等細部細節。間隙不要只是保持相同間隔，加上一些強弱對比會更有真實感。

3 如同一開始使用 Sphere 進行臉部的造形作業，舌頭也是由 Sphere 開始以 SnakeHook 筆刷拉伸形狀製作。

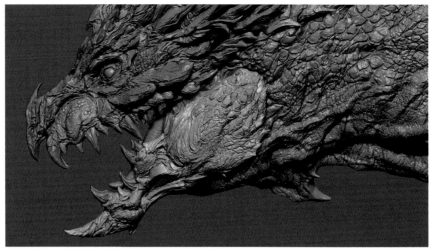

4 一邊使用 Alpha，一邊追加整體的細部細節，以 SnakeHook 筆刷呈現出更多的細部細節。

4 最後修飾

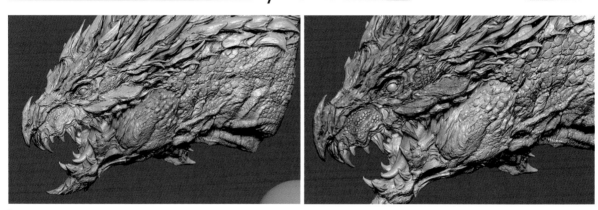

1 使用 ZBrush 的遮罩功能，提升細部細節的質感，進行最終調整。使用遮罩的話，便能夠掌握細部細節的間隙。以眼部與臉部的鱗片這類容易受到注目的重點部位為主，提升細部細節。在遮罩狀態下進行雕塑，便能夠強調出間隙與細部細節。我經常使用的遮罩功能為 Mask by Cavity 和 Mask by Smoothness。

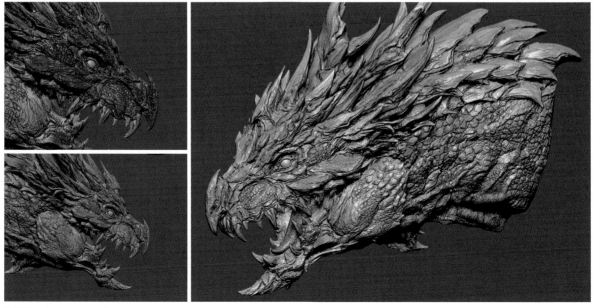

2 繼續使用遮罩來提升細部細節。主要使用的遮罩功能為 Mask by Cavity 和 Mask by Smoothness。兩者都是能夠對細部細節的細微溝槽進行遮罩的方便功能。如果所有部位都平均的提升細部細節密度的話，畫面看起來會比較雜亂。因此作業時要特別集中提升眼部周邊、下顎這些部位的密度，使整體的畫面呈現出強弱對比。

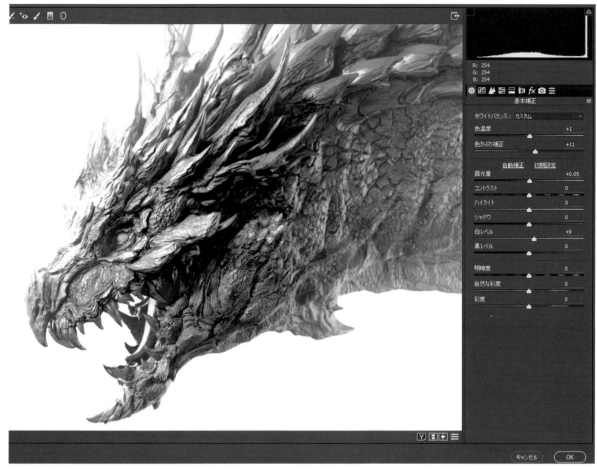

1 以 KeyShot 執行彩現。透過 KeyShot 將污損、反射以及底圖等各種素材的圖像分別彩現出來。再使用 Photoshop 將這些圖像進行複合處理,最後還要對色彩的變化種類進行調整。

2 由 KeyShot 輸出的 Clown pass,可以藉由色調選擇在身體零件上指定個別的前端範圍,非常方便。

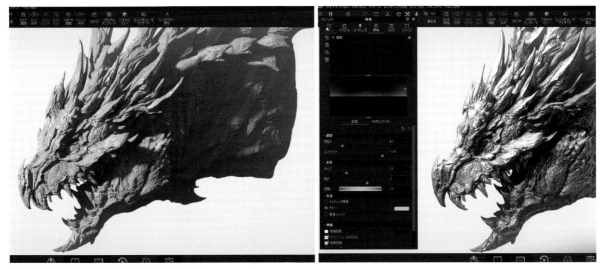

3 為了呈現出整體的顏色不均，以加上稀疏色彩的材質來執行彩現。由於黃色是彩色中最明亮的顏色，所以能夠一邊保持明亮的畫面氣氛，一邊增加色彩的變化種類。

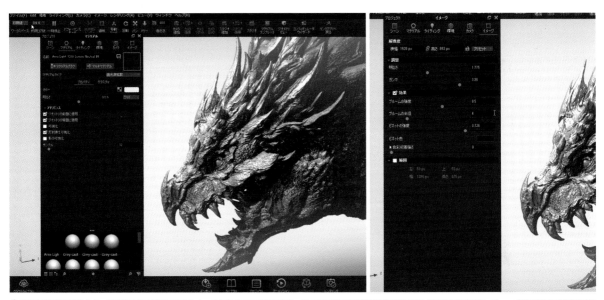

4 將明亮度和對比度的數值、整體的光澤感調整至滿意為止。在這裡畫面不要過度明亮，以不讓照明減損細部細節的微暗感覺為意識進行調整較佳。Bloom 會讓整體畫面稍微呈現出光的散景，處理的強度不要過度。Bloom 的半徑愈大，散景寬度也愈大，因此請設定為稍弱感覺的數值。由於將光源亮度的設定變更為瓦特數時，光源亮度會變得較強，所以要變更為瓦特數。至於數值設定的部分，請調節至光亮不會過強到曝光的程度。

5 分別將具有光澤的質感、無光的質感以及主體光的圖像都執行彩現。之後再以 Photoshop 合成。

6 這個也是將具有光澤的圖像執行彩現後的狀態。由於後續還會加上光澤的質感，所以光澤感會比剛才稍微更強一些。

6 以 **Photoshop** 進行複合處理

1 基本上底圖的圖像不要彩現得過度明亮，控制在畫面上必要的資訊量不會亮到消失不見的程度。然後再一邊加上各種素材的圖像，一邊提升明亮度。使用 Photoshop 將彩現後的各圖像以柔光進行重疊，再降低重疊後的圖像圖層不透明度進行合成。主體光為側面光較強的圖像則透過濾色來重疊。只要加上這個主體光的話，作品就可以一口氣呈現出活潑生動的感覺。

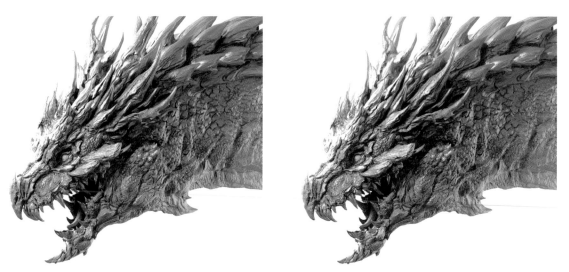

2 最後要追加色調，稍微呈現出栩栩如生的感覺，然後就完成了!!這個時候要一起將整體的彩度提高。因為相較於彩度低的物體，彩度高的物體看起來比較會有真實的生物感。雖然帶黃色調的色彩感覺起來較有開放感及活潑生動感，但整體太偏黃色的話，色彩的變化種類又會過於侷限。因此要使用白平衡補償這類的功能，維持整體的色彩變化種類。

02 Lion Making
製作全身姿勢的兇殘暴虐猛獅

獅子的骨骼和大略的形狀

首先要確認獅子的骨骼、肌肉及表情的資料。不管製作任何一種動物，骨骼、肌肉都是非常重要的環節，在開始製作之前，請確實的做好準備。

進入實際雕塑前，如果可以先描繪簡單草圖的話，在雕塑時的作業會更加順利。即使只是快速描繪的草圖，也意外地能夠在腦海裡留下印象。

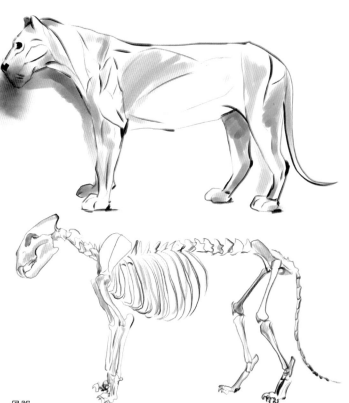

臉部

我喜歡這種像是處於憤怒的狀態，正在威壓對手的表情。說來就是皺紋集中在眉間的感覺。製作獅子與西方龍的造形時，如果也能製作出皺紋集中在眉間，就像人類憤怒時的表情的話，更能呈現出魄力。

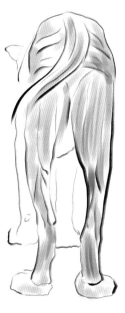

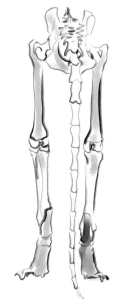

骨骼

獅子這類的貓科動物，雖然給人腰部與背後的腰身曲線優美的印象，但其實骨骼形狀比想像中的還要筆直而且簡單。

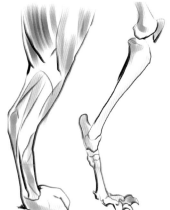

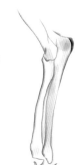

足部

製作生物的造形時，理解人體的解剖學也非常重要。我覺得尤其是人體的手臂在前臂有一條稱為肱橈肌的肌肉，很適合用來表現出強壯的感覺，是非常有魅力的部分。獅子的手臂也有相同部位的存在，想要表現出體格強壯的感覺，我認為這裡一樣也是非常重要的部位。

造形的流勢

software
· ZBrush 2018　· Adobe PhotoshopCC 2018　· KeyShot 8 Pro

1 粗略堆土〈ZBrush〉

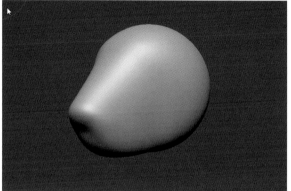

1 由 Sphere 從 0 開始進行雕塑。

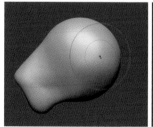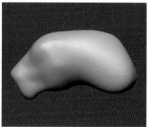

2 在 DynaMesh 的狀態下使用 SnakeHook 筆刷，拉伸整理成想要的形狀。首先由臉部的造形開始，然後再將黏土以拉伸成頸部、身體般的感覺進行造形。ZBrush 一個很大的魅力就在於雖然是以 3D 製作，但更像是以實作黏土的感覺進行造形。

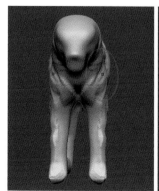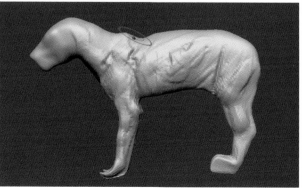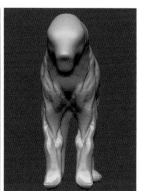

3 使用 ClayBuildup 筆刷，一邊保留下粗略的筆刷痕跡，一邊進行雕塑。這個時候不需要頻繁的使用 Smooth 筆刷來使表面平整，只要以實體雕塑的感覺粗略的作業即可。

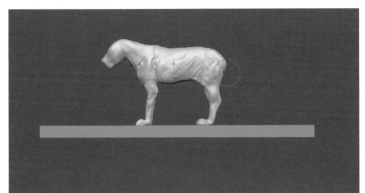

4. 整體造形進展到某種程度後，先配置一個底座，確認是否能夠確實接觸到地面，然後再繼續進行作業。

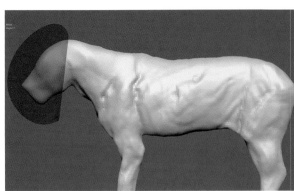 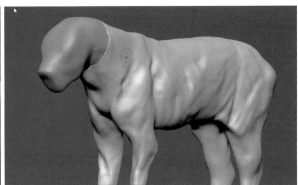

5. 在臉部加上遮罩，以 Split Unmasked Points 使其與身體分離。方便後續使用 DynaMesh 來針對個別部位進行作業。

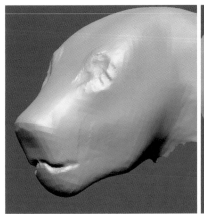 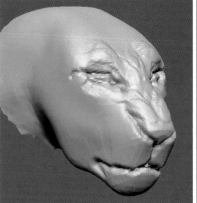 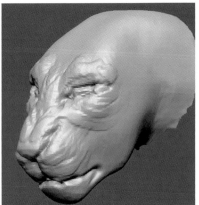

6. 使用 ClayBuildup 筆刷與 Slash 筆刷進行臉部的雕塑。

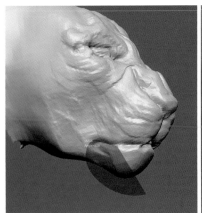 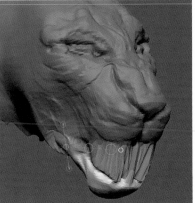 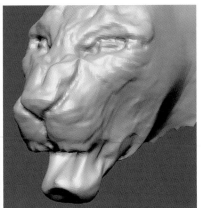

7. 在下顎建立遮罩，讓口部張開。

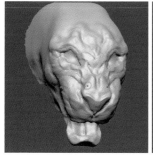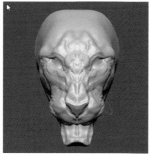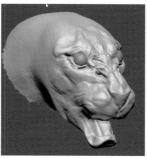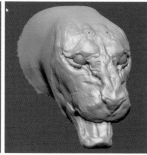

8 以輔助工具列將眼睛配置上去,提升 DynaMesh 的解析度,進行臉部的雕塑。要以最後成為憤怒的臉部表情為意象進行作業。

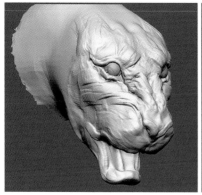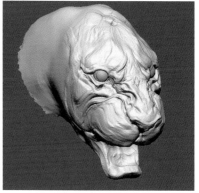

9 眼睛和眉毛,使用 Slash 筆刷以呈現出較大的皺紋感的方式逐步進行雕塑,再以 SnakeHook 筆刷一邊拉伸一邊造形。鼻子上方到眉間的皺紋是重點呈現部位。

$\mathcal{2}$ 齒列與尖牙

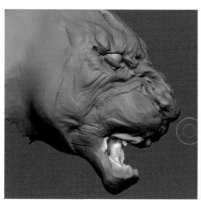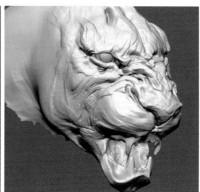

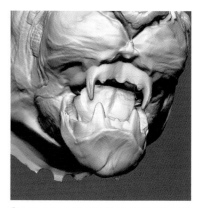

1 為了要製作牙齦和齒列,先使用遮罩將形狀推擠出來。

2 以 SnakeHook 筆刷來形成齒列。臉部表情也雕塑成更具有威嚴的感覺。

3 以保留素描般筆觸的感覺進行雕塑,重視氣氛。

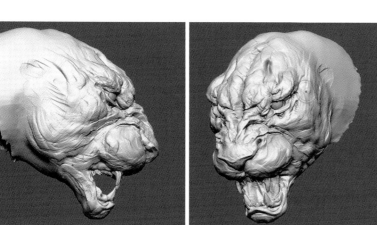

3 身體的造形

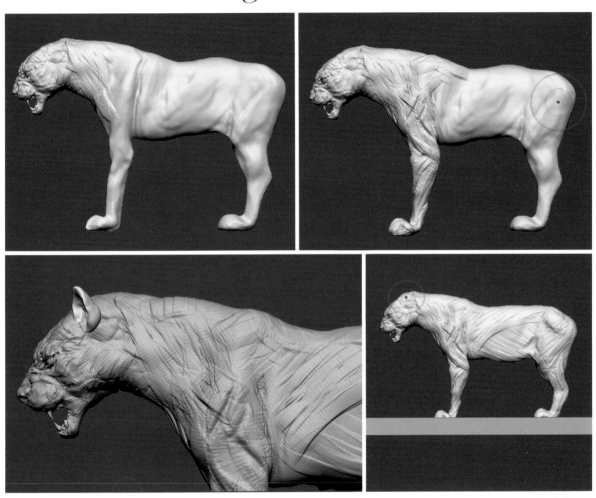

1 將臉部和身體合併，以 DynaMesh 整合成一體，繼續進行雕塑。請務必確實意識到肩部與肘部等骨骼的位置。並非漫無目的進行整體的造形作業，而是要一邊意識到肩部的肩胛骨與肘部的骨骼等突出部分，一邊進行造形。

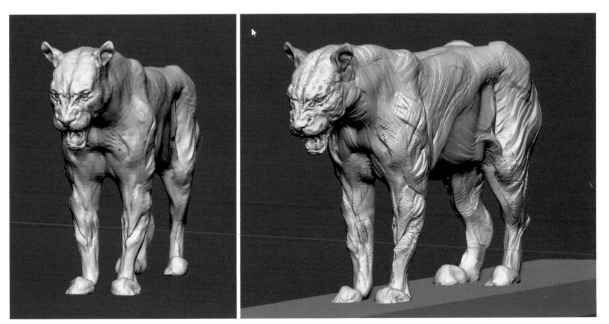

2 執行 DynaMesh，切換成 Subdivision Levels 進行作業。以 ZRemesher 自動重新拓樸之後，使用 Project All 謄寫原本的細部細節。

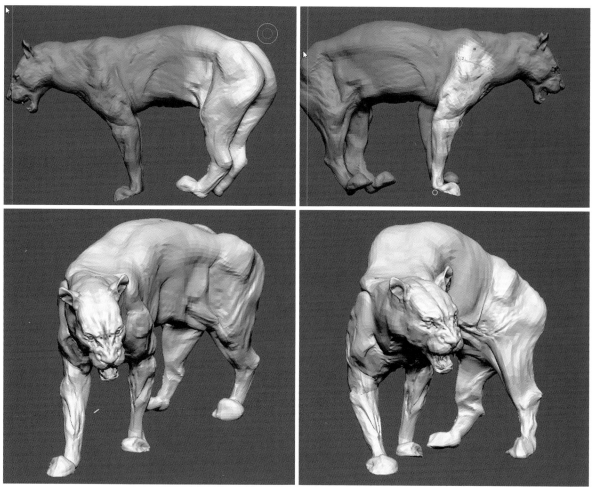

3 一邊積極的使用遮罩，一邊將姿勢呈現出來。

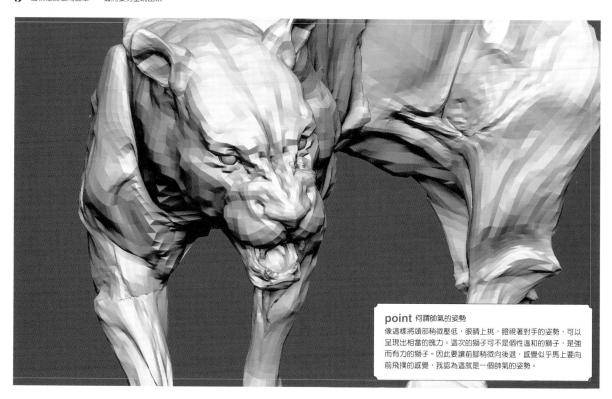

point 何謂帥氣的姿勢

像這樣將頭部稍微壓低，眼睛上挑，瞪視著對手的姿勢，可以
呈現出相當的魄力。這次的獅子可不是個性溫和的獅子，是強
而有力的獅子。因此要讓前腳稍微向後退，感覺似乎馬上要向
前飛撲的感覺，我認為這就是一個帥氣的姿勢。

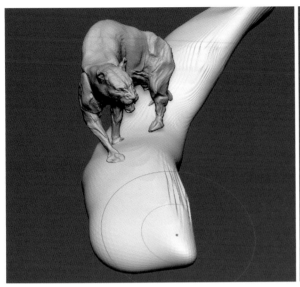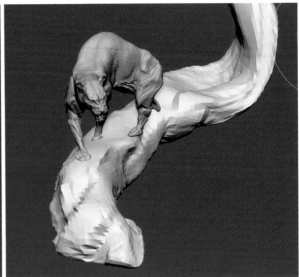

1 將樹木和湖的物件製作出來。觀察整體畫面,微調整姿勢。

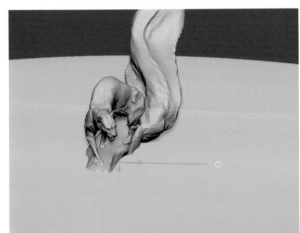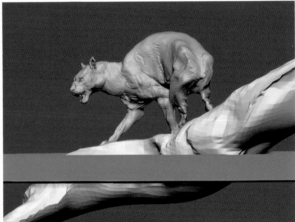

2 將 Sphere 以 Move 工具延伸成既平坦
又寬廣,配置水面。

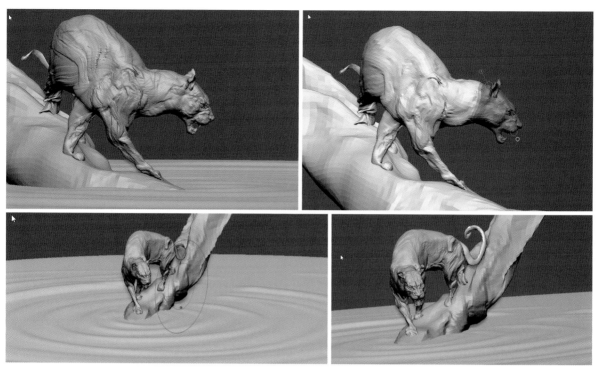

3 將水配置完成後，從各個不同角度確認水面、獅子和樹木之間的位置關係。

5 製作鬃毛

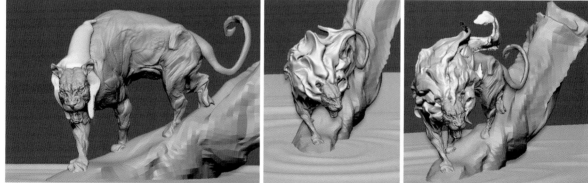

1 接下來要製作鬃毛。以 SnakeHook 筆刷一邊拉伸，一邊將形狀製作出來。

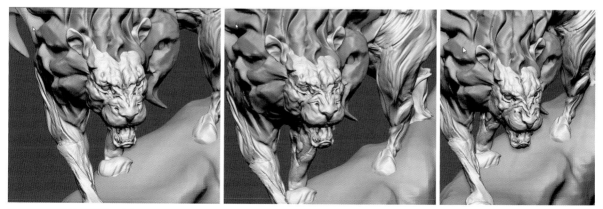

2 將臉部稍微再調整成更像獅子。因為看起來有點混雜了像是豹子的印象在內，所以再將額頭與鼻子周邊調整成更具備分量感。

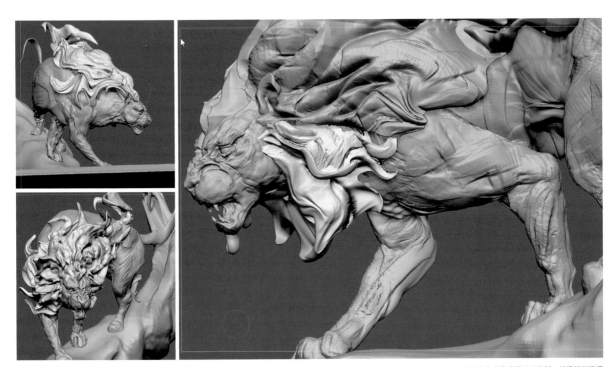

3 一邊對整體進行調整，同時進行鬃毛的雕塑。這裡要呈現的不是柔順的鬃毛，而是要意識到粗獷的感覺來進行雕塑。如果能將鬃毛受到風吹動的意象表現出來的話，相信就能夠妥善的呈現出粗獷的感覺。

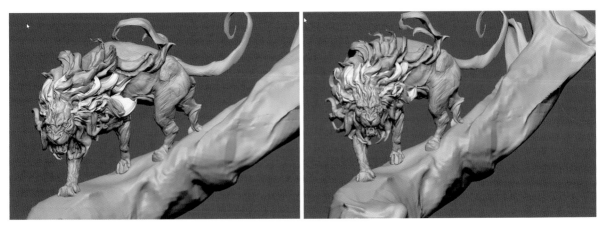

4. 接下來繼續進行臉部的雕塑。因為想要再稍微強調出正在威壓對手的感覺，使用 SnakeHook 筆刷來調整成眼睛睜大的印象。

6 臉部的完工修飾

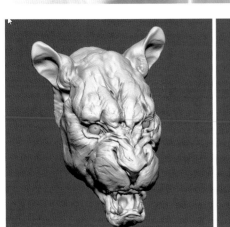

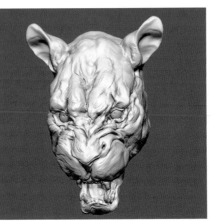

1 臉頰附近的皺紋要使用 SnakeHook 筆刷進行調整。

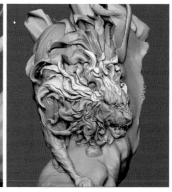

2 接著進入鬃毛的調整作業，以及身體和腳部附近的雕塑作業。使用 SnakeHook 筆刷完成鬃毛的流勢調整後，以 Slash 筆刷將溝槽更加強調出來並使邊緣清晰鮮明，整理氣氛。

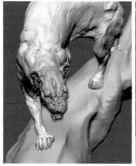

3 調整尾巴的彎曲角度，使畫面的構圖呈現出流勢。和其他部位相同，從 Sphere 開始以 SnakeHook 筆刷進行拉伸，整理出尾巴的形狀。

4 請意識到一定要掌握好腳底必須確實踩在地面或設置面上。後續製作恐龍與西方龍時也同樣要注意到此點。

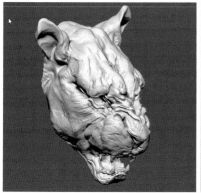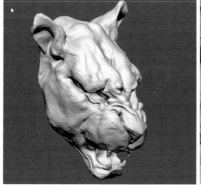

5 將全部的物件切換至 Subdivision Levels，仔細製作細部細節。

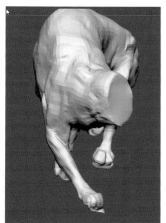

6 將身體等所有的模型都以 ZRemesher 處理，執行重新拓樸，整理模型。模型整理完成後，和剛才的 DynaMesh 狀態相較下，可以更輕快的操作模型。

7 因為最後要將所有的模型都顯示出來，進行最後的整理。所以這個步驟是影響到後續作業是否能輕快的操作的重要工程。

8 為了要製作鬍鬚，以遮罩來描點。使用 Extract 功能來壓出形狀，然後一直拉伸，製作成鬍鬚。

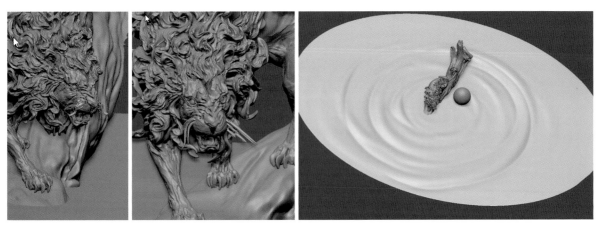

9 以 SnakeHook 筆刷拉伸鬍鬚，進行造形。此外，使用 DamStandard 筆刷與 Standerd 筆刷來造形水面的漣漪。

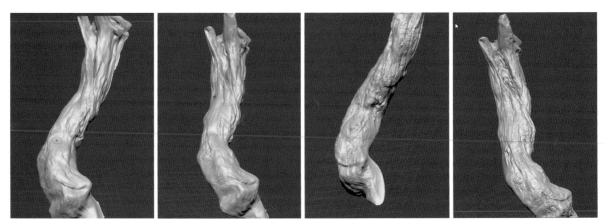

10 使用 Alpha 來追加細微的細部細節，雕塑作業到此就大功告成了。接下來要追加樹幹部分細微的細部細節。因為樹木是配角的關係，如果有過多的細部細節會讓畫面顯得繁雜。請以此意識進行作業。

以 KeyShot 來執行彩現。改變 HDRI 環境，準備幾種不同的彩現圖像，彩現的時候一邊使用同時輸出的 Pass，一邊以 Photoshop 進行複合處理。

2 增加迂迴折射的光。這個圖像是將未經任何處理的圖層全部設定為不顯示的底圖圖像。將底圖圖像的側面有紅色主體光的彩現圖像以「變亮」模式來重疊。

3 為色調增加一些變化。在臉部與鬃毛追加白色系的顏色。這次要以「彩色變亮」指令來進行重疊。

4 稍微提升一些整體的對比度。

5 增加空氣感。為了呈現出畫面中的空氣感，將 Depth 圖像以「加亮顏色（直線）」-「相加」來進行重疊。

Dragon's body Making

03

製作活潑生動的龍

意象畫
首先要描繪出簡單的意象畫。後續會一邊進行雕塑造形，一邊將意象固定下來，所以此時只要描繪出草稿即可。這次的意象設計不是四足長翼的西方龍，而是以身形如蛇般的東方龍為意象。

software
· ZBrush 2018
· Adobe Photoshop CC 2018
· KeyShot 8 Pro

1 粗略堆土〈ZBrush〉

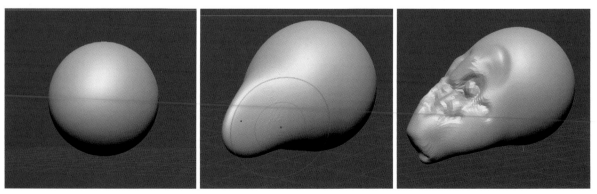

▍首先要依照慣例，由 Sphere 開始，以 DynaMesh 來進行雕塑。臉部只要先做出粗略的草稿造形即可。

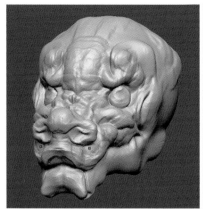
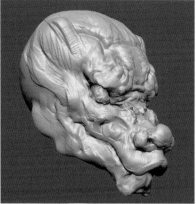

2 眼部與眉間要仔細雕塑出具備威嚴感的形狀。以 ClayBuildup 筆刷來雕塑眼部與眉間的細節，如同人在怒目瞪視時，眉間會呈現隆起的狀態，這裡也要以這樣的意象來將形狀製作出來。

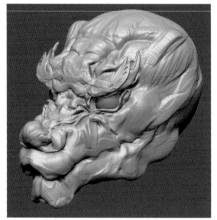

3 製作眉毛。整體製作完成後還要進行微調整，因此這時候只要製作出大略的草圖即可。

4 以遮罩來選擇下顎，讓口部張開。讓口部稍微半開就可以了。由於打開口部時會造成 Mesh 網格破面，所以要以 ClayBuildup 筆刷來將口部雕塑成看起來像是張開的狀態。

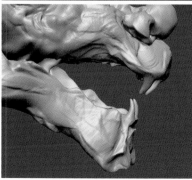
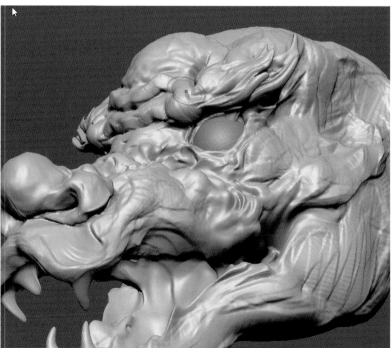

5 繼續口中的造形，並製作出齒列。使用 SnakeHook 筆刷以拉伸的方式進行造形。尖牙不要都是相同的長度，要有一些變化看起來較自然。為了要呈現出不祥之形象，粗略製作即可。

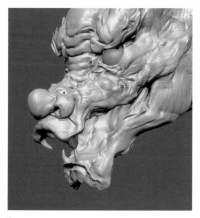 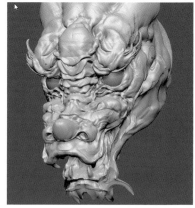

1 一邊調整鬍鬚的神韻，逐漸將細節雕塑出來。追加鬍鬚與齒列後，整理整體的比例均衡。以 ClayBuildup 筆刷與 SnakeHook 筆刷對鼻子、臉頰、下顎等部位一點一點地進行微調整。

2 此時檢視的比例不要一直維持在擴大的狀態，而是要頻繁縮小模型的檢視比例，一邊確認臉部整體的比例平衡，一邊進行雕塑。

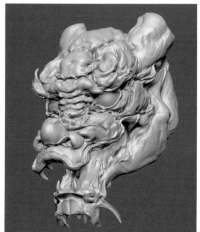 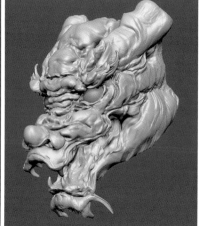 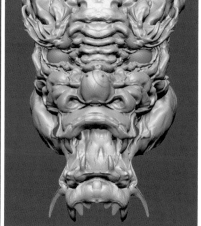

3 嘴唇由正面觀察時要呈現出較大的彎曲弧度。如果嘴唇太薄的話，看起來就不夠帥氣，所以要增加一些厚度。此時也同樣使用 ClayBuildup 筆刷來呈現出細節部分。

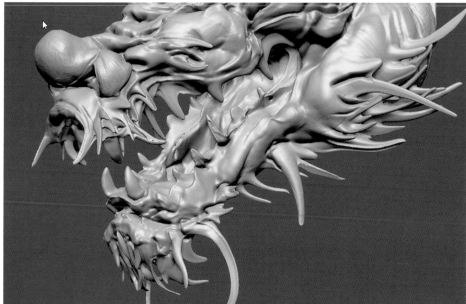 

4. 尖牙也同樣使用 SnakeHook 筆刷以拉伸的方式進行製作。

5 追加較大顆的尖牙。從 Sphere 開始，使用 SnakeHook 筆刷以拉伸的方式製作出大顆的尖牙。製作時不要只比其他尖牙稍大而已，要大膽的去放大尺寸，吸引觀看者的目光。

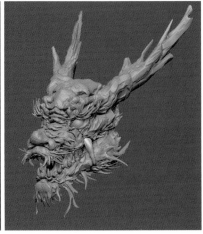

6 和其他部位相同，從 Sphere 開始製作犄角。如果犄角的尺寸太大的話，會造成臉部的印象較為薄弱，因此要觀察整體的比例均衡，製作成恰到好處的尺寸。這裡是製作成類似鹿角形狀的意象。

3 身體的造形

1 主要使用 SnakeHook 筆刷來製作身體。雖然是要製作成如蛇一般的身體，但造形時要以比蛇更具肌肉質感的意象，在骨骼加上紮實的肌肉。頸部彎曲時的角度相當和緩，不會出現劇烈折彎的形狀，製作時請小心注意。

2 追加手臂。因為想要製作成如同鴿胸突出的胸形，所以要配合那樣的姿勢將手臂配置上去。以 SnakeHook 筆刷來整理形狀。製作時要一邊意識到手臂與肘部的骨骼，一邊進行雕塑。

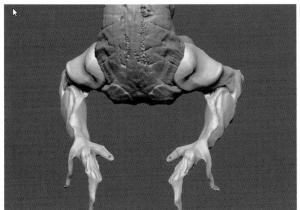
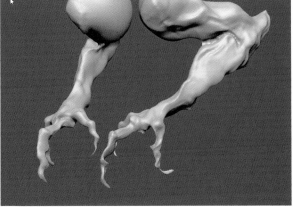

3 以將手指指尖拉伸的方式進行造形作業，雕塑時經常要意識到如何將強壯的感覺呈現出來。以人類手部的解剖學為參考來進行製作。此處同樣也是以 SnakeHook 筆刷一邊拉伸造形，一邊以 ClayBuildup 筆刷進行整理。

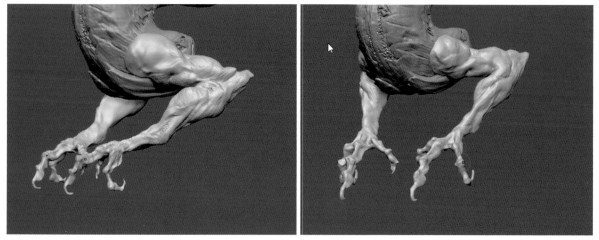

4 在日本鬼怪之類的妖怪都是三指的形象，而近世的龍也都是以三指的形象為一般。基於這個理由，這次採用了三指的造形設計。

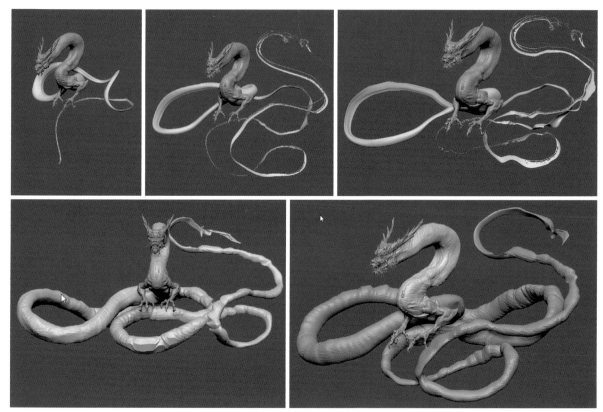

5 上半身完成之後，接著開始進入全身的製作。只要是超粗略的狀態即可，先將身體的姿勢製作出來看看。像此次這種龍的概念模型，如果先製作出一直線的身體之後，再擺出姿勢的話，有可能長度會不夠，甚至連擺姿勢這個作業本身都很不容易，所以一開始的草圖階段就要將整體的神韻製作出來。這裡也是以活用 SnakeHook 筆刷為主。

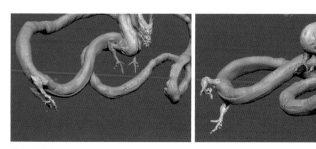

6 將手臂複製下來，移到腳部貼上。

7 腳爪設計成如同猛禽類一般，好像抓住什麼東西似的造形。相較於手部，感覺腳部給人看起來更加強壯的意象。腳的根部造形要連同身體部分一起雕塑，這樣才能讓兩個部位彼此融合。

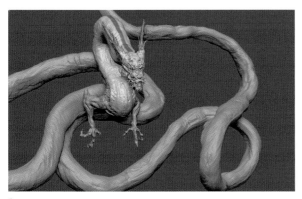

1 在龍的中心描繪遮罩，以 Extract 功能製作出背後棘刺的根部。

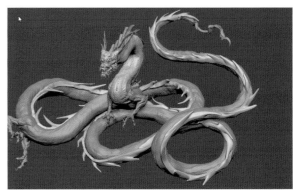

2 在背後製作出棘刺。多少有些歪歪扭扭也沒關係，請大膽地造形。

3 製作出鬍鬚。造形時要意識到流勢，呈現出活潑生動的感覺。使用 SnakeHook 筆刷與 Move 筆刷製作出活潑生動呈現波浪狀的鬍鬚。為了整體的畫面安排，將鬍鬚設計得較長一些。

4 在背後以 Slash 筆刷製作出鱗片。身體彎曲的部位，鱗片尺寸也會比較細小，造形時也請注意密度的變化。沿著脊椎來製作出鱗片。活用平板電腦的筆壓，呈現出強弱的對比。

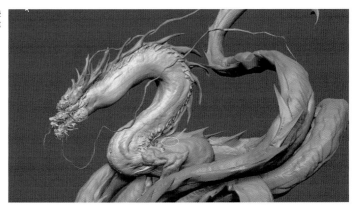

5 身體的正面側也要製作鱗片。以 Slash 筆刷來雕塑出鱗片的細節。此時是以鱗片由上而下逐層覆蓋的設計進行雕塑。

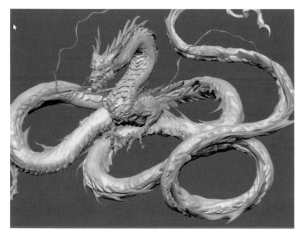

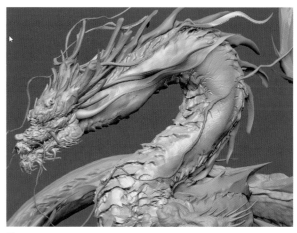

6 下半身部分也要製作鱗片。由於位置不像上半身那麼醒目的關係，相較上半身可以製作得簡單一些。

7 製作出犄角附近較長的毛。腹側保留較大的鱗片，背側加入較細微的鱗片。

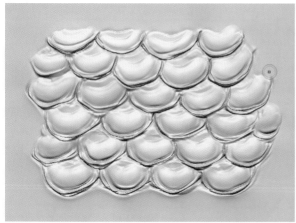

8 使用 Vector Displacement 製作出較細微的鱗片。以 ClayBuildup 筆刷來雕塑大略的鱗片形狀，並將形狀整理至清晰鮮明。將鱗片的 Mesh 網格放大顯示在畫面上，自筆刷欄選擇 Chisel3D，按下〔From Mesh〕。這麼一來就能製作出鱗片的筆刷。使用自製的鱗片筆刷，追加較細微的鱗片。

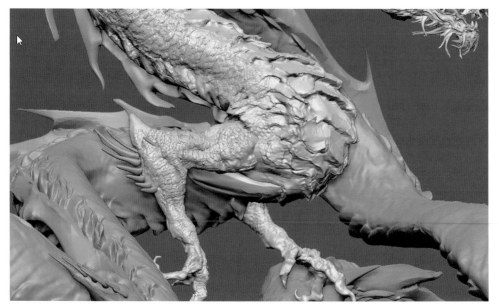

9 和身體相同，手臂也要雕塑出鱗片。此時的作業重點是要沿著肌肉的形狀由上而下追加鱗片。同時也要意識到相對於身體的鱗片，手臂的鱗片大小會更加整齊均一。

5 毛髮的雕塑

1 製作出生長於背後部位的毛。選擇毛髮的模型，按下畫面右方的〔Frame〕，就可以將模型顯示在整個畫面上。在這樣的狀態，按下鍵盤的〔B〕鍵，就會由顯示的筆刷畫面執行 Create InsertMesh→ Create NanoMesh Brush。

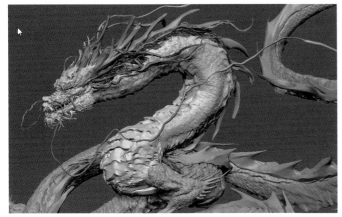

2 以 InsertMesh 來讓毛髮生長出來。畫面不要拉得太近，請將整體畫面拉遠一些製作。

3 讓手臂與腳的肘部也生長出毛髮。不要讓毛髮都是均一的長度，請一邊意識到外形輪廓，一邊造形。

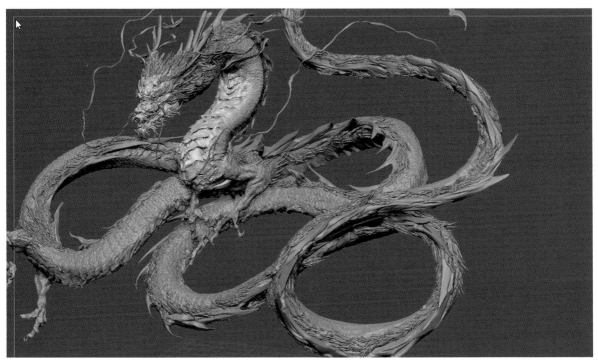

4. 雕塑完成!!

6 彩現〈KeyShot→Photoshop〉

1 以 KeyShot 來執行彩現。將彩現選項變更為室內裝潢。室內裝潢的模式比較能夠讓整體的陰影彩現得較為柔和。

2 接下來再以標準的 HDR 和材質來執行彩現。這次是整體使用 Leather、眼睛使用 Glass 的材質。

3 最後以 Photoshop 來微調整明亮度就完成了！

Dragon Knight concept model

製作龍騎士的概念模型 由 Zbrush 造形~3D 列印輸出為止

西方龍是由 Richie Casper、黑騎士是由 Rafael RodrigusezBuller、3D 列印輸出則是由株式會社 Eldoramodel 的及川潤負責。為各位說明分件線的指定、厚度的調整、資料的配置等各種不同內容的講義。

1 製作西方龍的概念模型

1 西方龍的製作。使用 ZBrush 由 Sphere 開始，一如平常那樣，先以 DynaMesh 的狀態進行全身的粗略雕塑。在這個階段不需要講究造形的細微外表美觀，製作時更重視的是去意識到粗略的骨骼以及肌肉的分量感。

2 進行重要的臉部的造形。臉部會直接影響到整體的比例平衡以及氣氛，所以在一開始的階段就需要將某種程度的氣氛確立下來。翅膀先以軸架呈現，和翼膜要分別製作。和製作身體時相同，先以 DynaMesh 進行製作，再繼續造形作業。

3 進行臉部的雕塑。製作西方龍與恐龍的時候，經常會著重於從側面觀察的臉部來進行製作，但其實由正面觀察的狀態也非常重要。因此進行雕塑的時候不光是側面，也要注意由正面觀察時，眼睛是否確實有直視前方，犄角和臉部的比例平衡是否沒有問題。

4 製作翅膀的翼膜，將全身先以 ZRemesher 自動重新拓樸一次。然後再重新調整外形輪廓與肌肉的分量感。重新拓樸後的 Polygon 多邊形較少，而且經過整理後比較容易進行微調整。而且若要將各零件整體顯示出來進行作業的話，和 DynaMesh 的狀態相較之下，執行重新拓樸後，具備 Subdivision Levels 的資料會比較輕盈一些。基於這些理由，因此決定先重新拓樸一次。

5 將騎士的粗略模型製作出來，以便於確認氣氛。

6 將製作中的細部細節分為大、中、小 3 種等級。首先要製作較大的細部細節。鱗片的尺寸不要都是相同的大小，製作時要意識到鱗片位置所形成的變化。因為想要呈現出具有威嚴感的西方龍，所以臉部造形時要強調出緊盯著對手的感覺，尤其是眉間與眼睛周圍必須要確實地造形。

7 製作中間的細部細節。

8 追加細微的細部細節。以筆刷追加皮膚的皺紋等等，再使用 Alpha 來追加細微的鱗片。

9 使用 ZBrush 的 Transpose Master，調整姿勢後就完成了。這個時候也要經過重新拓樸，使其具備 Subdivision Levels 之後，調整姿勢的作業會變得較為輕鬆。

10 將陰影明確呈現出來，確認以 3D 印表機輸出時的意象是否如同預期。

② 製作騎士的概念模型

By Rafael Rodrigusez Bellot
(Nin-Ja Company)

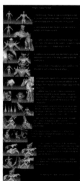
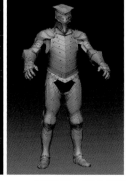

1 首先，在線上搜尋 Base Mesh（基底網格），製作出簡單的角色人物。這裡是使用 armorhead.store（販售設計優良、高品質的 ZBrush 用建模素材的網站。將中世紀、奇幻世界為背景的 100 種以上的獨特 3 D 模型素材，提供給電玩遊戲、電影、插畫、概念藝術等商業用途使用。https://www.armorhead.store/）的素材來設定角色人物。

2 接下來要將手臂張開，以 Move 筆刷來調整比例均衡。

3 為了要讓這個西方龍騎士的戰鬥增加故事背景，於是追加了騎士乘龍的要素、腰間的骷髏頭，還有騎士的甲冑。

4. 為了要讓頭盔的外形輪廓看起來更有魅力，追加了如同犄角般的設計。

 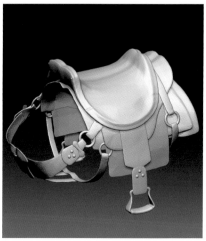

5 背後長出犄角，將長槍塑造出來。

6 將在線上找到的馬鞍 LowPoly 免費素材安置於龍的身上，並使用 Move 工具來變形處理搭配西方龍的身形。

 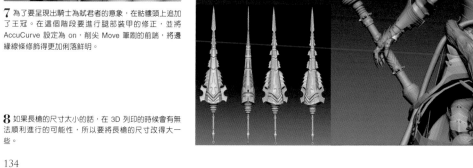

7 為了要呈現出騎士為弒君者的意象，在骷髏頭上追加了王冠。在這個階段要進行腿部裝甲的修正，並將 AccuCurve 設定為 on，削尖 Move 筆刷的前端，將邊緣線條修飾得更加俐落鮮明。

8 如果長槍的尺寸太小的話，在 3D 列印的時候會有無法順利進行的可能性，所以要將長槍的尺寸改得大一些。

9 以 Transpose Master＞TPoseMesh 將不想要更動的部分遮罩起來，然後用 ZSphere Rig 來調整騎士的姿勢。因為龍是受到騎士操控的關係，所以要在鞍上追加一些較細小的韁繩。

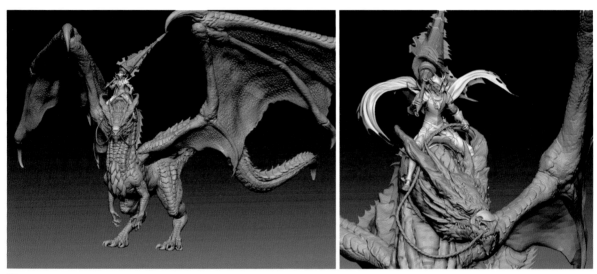

10 在這個階段，要將騎士調整為緊貼沉陷在龍背上，被龍遮擋住身體的狀態。

11 模型的斗篷形式過於普通的關係，所以追加了一些動態。並且參考電影《黑暗騎士》，將斗篷開出一些孔洞。

12 完成在即。接下來進行微調整後，就要開始輸出的作業。

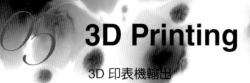

3D Printing

3D 印表機輸出

最後要將建模完成的作品以 **ProJet HD 3500MAX** 輸出。厚度的調整、分件線的設定部分由株式會社 **Eldoramodel** 的及川潤先生來進行解說。

機型名稱	Projet HD 3500 Max
	最高峰生產機械
造形模式	High Definition (HD)
	High Speed (HS)
	Ultra High Definition (UHD)
	Xtreme High Definition (XHD)
解析度 (xyz)	375 × 375 × 790dpi (HD)
	375 × 375 × 790dpi (HS)
	750 × 750 × 890dpi (UHD)
	750 × 750 × 1600dpi (XHD)
造形時間 (z方向)	～ 5mm / 1小時 (HD)
	～ 6mm / 1小時 (HS)
	～ 2.5mm / 1小時 (UHD)
	～ 1.25mm / 1小時 (XHD)
造形尺寸 (xyz)*	298 × 185 × 203mm (HD, HS, UHD, XHD ※所有的模式）
積層間距	32μm (HD)
	32μm (HS)
	29μm (UHD)
	16μm (XHD)
精度**	0.025 ～ 0.05mm
用途・應用領域	HD：適用於概念模型、試作、原型、醫療、建築等廣範圍用途。
	UHD：適用於插件、部品、寶石飾品等高精細的模型造形。
	XHD：適用於精密部品、寶石飾品等超高精細的模型造形。
系統尺寸	系統本體：749 × 1,194 × 1,511mm
（寬度、深度、高度）	木框包裝狀態：826 × 1,429 × 1,740mm
系統重量	系統本體：323kg（木框包裝狀態：434kg）
動作條件	電源：100 - 127V, 50/60Hz 單相交流、15A
	動作溫度：18 - 28℃
	噪音等級：65dBa 以下
	網路格式：10/100 Ethernet
輸入檔案形式	STL, SLC
控制用 PC	Windows™XP Professional
（最低要求規格）	CPU 1.8GHz, 1GB RAM
	OpenGL 支援 64MB VIDEO RAM 繪圖卡
	10/100 Ethernet
E-mail 通知功能	有
平板電腦／	
智慧手機連接	有
Print3D 應用	平板電腦、智慧手機與電腦的遠隔監視・控制
造形材（色）	VisiJet®M3 Crystal (Natural)
	VisiJet®M3 Proplast (Natural)
	VisiJet®M3 Navy (Blue)
	VisiJet®M3 Techplast (Gray)
	VisiJet®M3 Procast (Dark Blue)
	VisiJet®M3 X (White)
素材	紫外線硬化型壓克力・塑料
量	2kg × 2 個，計 4kg
支撐材料	VisiJet® S300
	酒精溶解型支撐材料用無害蠟材
量	2kg × 2個，計4kg

point 什麼是 ProJet HD 3500MAX？
積層間距為 16μm（Form2 為 25-100μm），造形精度乃最高等級。3 種造形模式可以滿足需要快速輸出的專業規格 3D 印表機。能夠對應半透明的樹脂與彩色樹脂、高強度的新素材樹脂 VisiJet™ M3X 等種類廣泛的素材。支撐材料的蠟材在輸出後只要將造形物放入烤箱就能溶解，不需要麻煩的支撐材除去作業也 OK。
最新機種：Projet MJP 3600 MAX

* 可造形零件最大尺寸會因形狀與其他要素而有所不同。此外視形狀而有無法適用於本系統的可能性。
** 執行使用者校正，可使印表機之間的變動值減輕至與單一印表機的變動值水準。
精確度有可能因為造形條件設定、零件形狀與尺寸、零件方向、後處理方法不同而有產生變化。

1 分件指示

確認建模後的資料，指定出能夠保持造形物設計不變，又能進行分割的分件線。追加細部細節的溝痕，然後再沿著溝痕的線條進行分割。查詢輸出工件的尺寸，控制在工件尺寸的範圍內，以沒有違和感的分件線來進行分割。由於此次的企劃是西方龍，因此在有鱗片的部位就能夠製作沒有違和感的分件線，耗費不了太多時間。相反的是細部細節愈少，愈要求分件線設定的判斷力。

如果是細部細節較少的人體，可以沿著肱橈肌或是胸大肌的流線設定分件線。

如果分件線過於曖昧，或是分件在有違和感的位置時，有可能會讓製品完成後的品質有所不同。

以經常與模具與 PVC 製品相處的模型原型造形師視角來指定分件線，視需要也有可能是非常重要的事項。

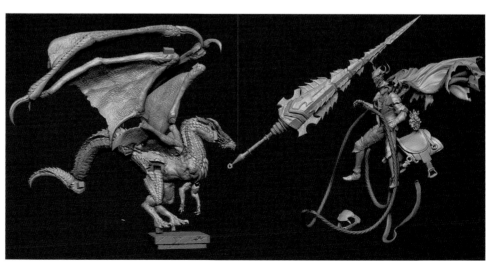

西方龍的翅膀與犄角、騎士的身體等這些零件較薄的位置要增加厚度。

輸出設備 Projet HD 3500MAX 雖然最薄可以輸出到 0.3mm厚度，但對於造形物來說，如果形狀容易折損的話，就會變得不適合貨品交貨，因此要調整成不易破損的厚度。

這次設定為至少也有 0.8mm的厚度。

對於雕塑完成的造形物，有必要再以全身人偶模型製作的視角，重新安排輸出物的厚度。

雖然可以直接在輸出設備上調整輸出的厚度，但前提是在不超出會讓原本的造形物產生違和感的範圍內增加肉厚。

騎士的造形物即為一例。在 CG 映像業界因為不需要有建模的厚度，若以相同製作方法做成的建模，再以 Backface Mask（背面遮罩）的方式來增加肉厚作業，將會耗費非常多的時間。

因此在著手製作全身人偶時，就必須要事先考量到厚度，再一邊進行製作。

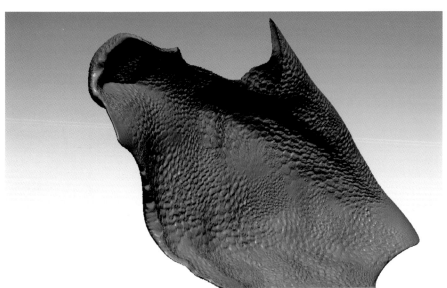

> **point**
> 什麼是 Backface Mask（背面遮罩）？
>
> 在 ZBrush 中如果碰觸到較薄的物件時，連裡側都會受到影響。BackfaceMask 就是為了要防止這種情形發生的功能。
>
> 想要迅速增加肉厚時，將 Back-faceMask 設定為 On，然後以 Move 筆刷在想要加上厚度的部分進行拉伸的話，就能讓厚度增加。

point

輸出的設定：UHD 模式（超高解析度）

一共有 HD 模式（高解析度）、
UHD 模式（超高解析度）、
XHD 模式（最高解析度）等 3
種設定，而這次選擇的是 UHD
模式。

考慮到作業時間，XHD 模式需
要耗費大量的時間，因此幾乎都
是以 UHD 模式進行作業較多。

所需要的時間：4 天。輸出、組
裝、微調整花了 2 天，然後再預
留 2 天的時間來處理不良狀況。

這次的企劃案是時間極度緊湊的企劃案。光是
作品的製作時間就幾乎耗費了所有的時間，導
致交貨前可能會沒有足夠的輸出作業時間。為
了能夠縮短輸出的時間，分割作業需要盡量
控制整體的高度，以及資料的配置也需要花一
些巧思。即使是相同的造形物，因為配置不
同，就有可能讓造形時間的差異高達數日之
多。除了盡可能要一邊壓低配置，還要藉由支
撐材料來避免細部細節受到減損，在配置上需
要下一點工夫。依照配置不同，會導致有來不
及交貨的可能性，因此經常會面臨到必須做出
選擇，使用數台、數種不同的印表機，判斷哪
個部位要用哪種印表機來輸出最能節省時間，
而且還要能夠維持高品質。只要能夠以造形師
的視角來選擇印表機作業，就有可能讓雕塑造
形家的造形物透過 3D 印表機輸出後呈現出更
高的品質。

DESCRIPTION
作品解說

作品名稱
掲載頁面／作品內容／製作年／使用軟體
創作者本人點評

ORIGINAL WORKS

「The Song of Tiger and Dragon」
P005-007／與 Manasmodel 共同合作的作品／2018 年／ZBrush, KeyShot
應該有呈現出栩栩如生，具備活潑生動的造形。金色非常的漂亮。

「Lion 荒獅」
P008-011／與 Manasmodel 共同合作的作品／2017 年／ZBrush, KeyShot, Photoshop
這是我在非常煩燥的時期製作的造形，所以製作出來的臉上一副憤怒的表情（笑）。

「Crimson Dragon King 深紅的龍王」
P012／原創造形作品／2017 年／ZBrush, KeyShot, Photoshop
這個是利用數小時製作而成概念模型，雖然是只花了短時間的快速製作，不過我自己很喜歡這件作品。

「Creature design Dark fantasy,Dragon」
P013 上／原創造形作品／2016 年／ZBrush, KeyShot, Photoshop
當初的心情是想要製作一件外觀不完全只是帥氣的西方龍作品。

「Dragon art」
P013 下／原創造形作品／2016 年／ZBrush, KeyShot, Photoshop
當初是以製作出看起來非常強悍的西方龍為目標。

「Dragon's concept」
P014-015／原創造形作品／2017 年／ZBrush, KeyShot, Photoshop
這也是在短期間憑藉一股氣勢快速製作的作品。看起來像是不良少年一般的西方龍。

「Option model 鯉魚躍龍門」
P015／原創造形作品／2018 年／ZBrush, KeyShot, Photoshop
這是以具有品味的小形器物為目的製作而成。

「Dragon's concept model」
P016／原創造形作品／2017 年／ZBrush, KeyShot
這是複習並改善過去製作過的西方龍的作品。

「Bahamut」
P017／原創造形作品／2016 年／ZBrush, KeyShot, Photoshop
因為工作上有製作到龍王巴哈姆特的機會，所以也想要製作一件自己的作品。

「dragon's sculpt」
P018-019／原創造形作品／2019 年／ZBrush
以 3D 印表機輸出後塗裝的西方龍。當初是想說如果加上顏色的話一定更好看。

「Dragon's chess model」
P020-021／原創造形作品／2016 年／ZBrush
這是我製作的第一件原創商品。

「Dragon's concept2」
P022-023／原創造形作品／2017 年／ZBrush
這是眼睛相當簡化後的造形練習。

「Dragon's concept3」
P024-025／原創造形作品／2017 年／ZBrush, KeyShot
這是要呈現出「這條西方龍的鼻子上該不會坐了一個人吧」這樣的規模感為意象來製作而成的大尺寸作品。

「Dragon's concept4」
P026-027／原創造形作品／2017 年／ZBrush, KeyShot
包含全身在內，練習不依賴較細微的細部細節的作品。

「Dragon's concept6」
P028／原創造形作品／2018 年／ZBrush, KeyShot, Photoshop
稍微帶點西式氣氛的西方龍。

「Eidolon」
P029／原創造形作品／2017 年／ZBrush, KeyShot, Photoshop
這是以好像類似西方龍，又不像西方龍的感覺製作的作品。

「Heavy Dragon」
P030-031／原創造形作品／2016 年／ZBrush, KeyShot
這是以練習雕塑為意識而盡量雕刻出細節的作品。

「Dragon's concept model」
P032-033／原創造形作品／2018 年／ZBrush, KeyShot, Photoshop
這是以超短期間製作而成，因此與其說是細部細節，不如說更加著重於外形輪廓的帥氣程度。

「Jormungand」
P034／原創造形作品／2017 年／ZBrush, KeyShot, Photoshop
這是為了由年輕雕塑造形家 4 人共同舉辦的活動而製作的快速雕塑模型。

「Yellow Dragon」
P035 上／原創造形作品／2018 年／ZBrush, KeyShot, Photoshop
以短時間製作的氣宇軒昂西方龍。彷彿東方龍和西方龍混雜在一起的感覺。

「Speed Sculpt wyvern」
P035 下／原創造形作品／2016 年／ZBrush, KeyShot
以看起來稍微有點弱小的中頭目為意象製作而成。這件也是快速雕塑作品。

「Dragon Rough sculpt」
P036／原創造形作品／2017 年／ZBrush, KeyShot, Photoshop
亞洲感稍微強烈的西方龍。

「Sculpt of Dragon」
P037／原創造形作品／2014 年／ZBrush, KeyShot, Photoshop
這是剛開始學習 ZBrush，還沒有辦法像現在這樣熟練的時候，憑著一股衝勁製作的西方龍。

「Nightmare 惡夢〜 concept model〜」
P038／原創造形作品／2018 年／ZBrush, KeyShot, Photoshop
這是以某種災禍為意象製作而成。有些調皮的 SF 科幻角色扮演服裝。

「Creature type Dragon」
P039／原創造形作品／2016 年／ZBrush, KeyShot, Photoshop
這是作為雕塑練習，以快速雕塑製作形象稍微有些詭異的西方龍。

「Dragon&Goblin」
P040／原創造形作品／2015 年／ZBrush, KeyShot, Photoshop
從這個時候開始，一點一點領會到什麼叫做充滿氣勢的雕塑作品。

「Dragon's concept7」
P041 上／原創造形作品／2017 年／ZBrush, KeyShot, Photoshop
喜歡這種可以感覺到風的造形，以及輕柔飄逸的質感。

「Wyvern」
P041 下／原創造形作品／2018 年／ZBrush, KeyShot
用來掌握外形輪廓的練習作品。快速雕塑。

「speed sculpt dragon」
P042-043／原創造形作品／2016 年／ZBrush, KeyShot, Photoshop
這個也是以短時間製作西方龍的練習作品。

「Dinosaur」
P044-045／原創造形作品／2017 年／ZBrush, Photoshop, Maya, Arnold, Mudbox, Mari
練習製作恐龍的作品。

「A maskant」
P046 上／原創造形作品／2018 年／ZBrush, KeyShot
偏向海外作品風格的創作生物。

「People of variant」
P046 下／原創造形作品／2015 年／ZBrush, KeyShot, Photoshop
這是以彷彿會出現在電影場景中的人型腐朽狀態為意象製作的作品。

「snake」
P047／原創造形作品／2018 年／ZBrush, KeyShot, Photoshop
練習外形輪廓的作品。

「Counter Play」
P048／原創造形作品／2018 年／ZBrush, KeyShot, Photoshop
製作成高高聳立的西方龍塔。概念作品。

「Option model」
P049／原創造形作品／2018 年／ZBrush, KeyShot, Photoshop
製作成像是飛行中的西方龍的獨特生物。

「Nodosauridae」
P050 上／原創造形作品／2018 年／ZBrush, Maya, Mari, Arnold, Knald, Mudbox
背後的細微鱗片的雕塑作業耗費了不少工夫。

「Dinosaur」
P050 下／原創造形作品／2015 年／ZBrush, Photoshop
對雕塑完全不熟悉時期的作品。

「Saber-toothed cat」
P051／原創造形作品／2016 年／ZBrush, KeyShot, Photoshop
這個時候雖然沒有心情煩燥，但還是製作成了嚴肅的表情（笑）。

「gorilla creatures」
P052-053／原創造形作品／2017 年／ZBrush, KeyShot, Photoshop
不著重細部細節的造形練習作品。

「An Evil Creature」
P054／原創造形作品／2017 年／ZBrush, KeyShot, Photoshop
一股作氣完成的雕塑。屬於自己喜好的作品風格。

「Baku」
P055／原創造形作品／2017 年／ZBrush, KeyShot, Photoshop
融合稍微帶有妖怪氣息的感覺，以及 SF 的科幻感覺製作而成。

「Devil」
P056／原創造形作品／2016 年／ZBrush, KeyShot, Photoshop, 3DCoat, xNormal, Maya, Marmosettoolbag
以相當不好對付的頭目的感覺製作而成。

「Creature」
P057／原創造形作品／2014 年／ZBrush, KeyShot, Photoshop
一心想要練好 ZBrush，拚死練習時期的作品。

「Monster of the desert」
P058／原創造形作品／2018 年／ZBrush, KeyShot, Photoshop, Maya, Arnold, Mudbox, Mari, Knald
想說偶爾也來製作一些比較仔細的模型作品。

「Creature Concept」
P059 下／原創造形作品／2018 年／ZBrush, KeyShot, Photoshop
一邊想像著如外星人般的新種族，一邊製作而成。

「Reaper」
P060／原創造形作品／2016 年／ZBrush, KeyShot, Photoshop
像是還沒有拿出完全實力的頭目的感覺。

「Tentacles human」
P061／原創造形作品／2014 年／ZBrush, KeyShot, Photoshop
殘虐暴戾的人型創作生物。

「whale」
P062／原創造形作品／2016 年／ZBrush, KeyShot, Photoshop
以怪物的感覺製作而成。

「True its」
P063 上／原創造形作品／2016 年／ZBrush, KeyShot, Photoshop
彷彿會出現在 SF 科幻作品中的人型生物。

「Tentacles skeleton」
P063 下／原創造形作品／2014 年／ZBrush, Photoshop
感覺 ZBrush 實在太有趣的時期製作的作品。

「Alien」
P064／原創造形作品／2014 年／ZBrush, KeyShot, Photoshop
剛開始接觸 ZBrush，還搞不清楚狀況，橫衝直撞時期的作品。

「Female knight&Dragon」
P065／原創造形作品／2017 年／ZBrush, KeyShot, Photoshop
連我自己都覺得這是一件相當氣宇軒昂的作品。

「Fishbone gladiator」
P066／原創造形作品／2014 年／ZBrush, KeyShot, Photoshop
以魚骨和騎士為意象的設計。

「Founder」
P067／原創造形作品／2017 年／ZBrush, KeyShot, Photoshop
和我平常的作品風格稍有不同的作品，加入了一些讓人感覺不快的元素。

「MONKEY King-Son-Goku 孫悟空」
P068／原創造形作品／2018 年／ZBrush, KeyShot, Photoshop
突然一個起心動念就製作的作品。看起來長得一點都不帥。

「Dragonewt」
P069／原創造形作品／2017 年／ZBrush, KeyShot, Photoshop
以嚴肅的古代龍族戰士為意象製作而成。

「Griffin phantom beast 獅鷲 幻獸」
P070-071／原創造形作品／2019 年／ZBrush, KeyShot, Photoshop
整體呈現出形態端正的感覺。

「Mystical dog」
P071 下／原創造形作品／2018 年／ZBrush, KeyShot, Photoshop
賀年明信片用的模型作品。

「Sacred phantom beast 神 幻獸」
P072-073／原創造形作品／2019 年／ZBrush, KeyShot, Photoshop
以只要不去招惹，就不會造成傷害的存在為意象。

「Deer phantom beast 鹿 幻獸」
P074／原創造形作品／2018 年／ZBrush, KeyShot, Photoshop
以製作成漂亮的作品為意識進行製作。

「Squirrel phantom beast 花栗鼠 幻獸」
P075 上／原創造形作品／2018 年／ZBrush, KeyShot, Photoshop
以在粗獷兇猛的造形中，仍帶著幾分可愛為意識進行製作。

「chimera phantom beast 合成獸 幻獸」
P075 下／原創造形作品／2018 年／ZBrush, KeyShot, Photoshop
雖然有較多的細微造形，不過整體感覺整合得還算美觀。

「qílín 麒麟」
P076-077／原創造形作品／2018 年／ZBrush, KeyShot
對我來說，這是一件自己非常喜愛的模型。

「Wolf phantom beast 狼 幻獸」
P078 上／原創造形作品／2018 年／ZBrush, KeyShot
造形就和我一樣粗獷奔放。

「The Divine deer 神鹿」
P078 下／原創造形作品／2018 年／ZBrush, KeyShot, Photoshop
一股一氣快速製作出來的作品。

「The Phoenix」
P079／原創造形作品／2018 年／ZBrush, KeyShot, Photoshop
賀年明信片用的作品。已經是成為每年的慣例了。

「Ogre」
P080-081／原創造形作品／2019年／ZBrush, KeyShot
製作成巨大的原創鬼怪。與其說是和風造形，不如說是設計成稍微帶點歐美風格。

「Dragon's concept」
P082-083／原創造形作品／2019年／ZBrush, KeyShot
魄力十足的西方龍正在怒吼咆哮的雕塑建模。

「Ushi-oni 牛鬼」
P084-085／原創造形作品／2019 年／ZBrush, KeyShot, Photoshop
以妖怪為設計母題製作的作品。製作時融入了和風的意象。

GAME, FIGURE, MAIN VISUAL, FAN ART

「Evil Existence」
© Wicked Foundations™ Games and Accessories, LLC
P086-087／雕像設計／2017 年／ZBrush, KeyShot, Photoshop
個人覺得完成了一件具有魅力的設計。

「POCKET MONSTERS FANART_Entei」
P088-089／粉絲創作／2016 年／ZBrush, KeyShot, Photoshop
我認為有將粗暴殘虐而且強壯的感覺表現出來。

「League of Legends 2017 World Championship」
Created in collaboration with Riot Games artists and Cristiano Rinaldi.
P090-091／主要視覺設計／2017 年／ZBrush, KeyShot, Photoshop
身為第一次參與製作的日本人，實在很開心。

**「『N.E.O™』A boss with a hawk motif
頭目設計 猛鷹設計母題」**
©2018 Black Beard Design Studio.inc
P092／角色設計／2016 年／ZBrush, KeyShot, Photoshop
檔案資料最後變得非常大，作業起來好辛苦（笑）。

**「『N.E.O™』A boss with a gorilla motif
頭目設計 大猩猩設計母題」**
©2018 Black Beard Design Studio.inc
P093 上／角色設計／2016 年／ZBrush, KeyShot, Photoshop
以就要被牠擊飛的意象製作而成。

**「『N.E.O™』A boss with a monkey motif
頭目設計 靈猴設計母題」**
©2018 Black Beard Design Studio.inc
P093 下左／角色設計／2018 年／ZBrush, KeyShot, Photoshop
以動作敏捷的意象製作而成。

**「『N.E.O™』A boss with a wolf motif
頭目設計 狼設計母題」**
©2018 Black Beard Design Studio.inc
P093 下右／角色設計／2016 年／ZBrush, KeyShot, Photoshop
以「這就是狼」的感覺製作而成。

**「『N.E.O™』A boss with a leopard motif
頭目設計 黑豹設計母題」**
©2018 Black Beard Design Studio.inc
P094 上／角色設計／2018 年／ZBrush, KeyShot, Photoshop
以動作輕快俐落的意象製作而成。

**「『N.E.O™』A boss with a rhino motif
頭目設計 犀牛設計母題」**
©2018 Black Beard Design Studio.inc
P094 下／角色設計／2016 年／ZBrush, KeyShot, Photoshop
以不會因為一點外在影響就產生動搖的意象製作而成。

**「『N.E.O™』A boss with a dragon motif
頭目設計 西方龍設計母題」** ©2018 Black Beard Design Studio.inc
P095／角色設計／2017 年／ZBrush, KeyShot, Photoshop
以具有威嚴的西方龍頭目為設計意象，尤其是著重外形輪廓的帥氣程度製作而成。

「『N.E.O™』Main character 主人公」
©2018 Black Beard Design Studio.inc
P096-097／角色設計／2017 年／ZBrush, KeyShot, Photoshop
總之是以自己覺得帥氣的設計製作而成的角色。調皮的 SF 科幻服裝打扮。

「『N.E.O™』Partner 夥伴」
©2018 Black Beard Design Studio.inc
P097 下／角色設計／2018 年／ZBrush, KeyShot, Photoshop
以既可愛又靠得住的感覺製作而成。

AFTERWORD
結語

　這本書的標題叫做「飛廉」。這在中文裡有包含了「風神」的意思在內。我生長，養育
在日本這個被海洋包圍的島國，長久以來不斷地製作作品至到今日。我希望這本累積多年
作品集結而成的《飛廉》，能夠不侷限於日本，還要能夠乘著風，進入世界各地的人們手
中。基於如此的意含，我選擇了這樣的書名。

　將這本《飛廉》拿在手中閱讀的朋友們，即使只能讓各位感到些許的滿足，也已經是我
極大的榮幸了。再次由衷地感謝您將本書閱讀到最後。

岡田惠太

岡田惠太／Keita Okada（Villard Inc.）
數位雕塑造形家，3D 概念藝術家。1991 年出生於日本廣島縣。自
2015 年起成為自由創作者，主要工作為製作創作生物等概念模
型。2017 年 3 月設立株式會社「Villard」。參與如 ZBrushCentral
TopRowAward 等等，日本國內外的各式各樣不同作品。同時亦為
現在受到眾所矚目的年輕 3D 雕塑造形家之一人。

Twitter：@Larc92
Instagram：@keito_29
ARTSTATION：https://www.artstation.com/yuzuki
微博(Weibo)：惠惠 Ren

Special Thanks（50 音順，敬稱略）：

有賀千帆（3D SYSTEMS JAPAN），岸孝侍（Black Beard Design Studio），Charlie Lutz（Wicked Foundations
Games and Accessories），Leif Eng（Riot Games）

Original Japanese Edition Staff

Art direction and design: Mitsugu Mizobata(ikaruga.)

Editing: Miu Matsukawa, Maya Iwakawa, Atelier Kochi

Proof reading: Yuko Sasaki

Planning and editing:Sahoko Hyakutake(GENKOSHA CO., Ltd.)

飛廉：岡田惠太造形作品集&製作過程技法書

作　　者／岡田惠太
翻　　譯／楊哲群
發 行 人／陳偉祥
發　　行／北星圖書事業股份有限公司
地　　址／234 新北市永和區中正路 458 號 B1
電　　話／886-2-29229000
傳　　真／886-2-29229041
網　　址／www.nsbooks.com.tw
E－MAIL／nsbook@nsbooks.com.tw
劃撥帳戶／北星文化事業有限公司
劃撥帳號／50042987
製版印刷／皇甫彩藝印刷股份有限公司
出 版 日／2020 年 1 月
Ｉ Ｓ Ｂ Ｎ／978-957-9559-32-4
定　　價／550 元

如有缺頁或裝訂錯誤，請寄回更換。

國家圖書館出版品預行編目(CIP)資料

飛廉：岡田惠太造形作品集&製作過程技法書 / 岡田惠太
　作；楊哲群譯. -- 新北市：北星圖書, 2020.01
　　面；　公分
　ISBN 978-957-9559-32-4(平裝)

　1.玩具 2.模型

479.8　　　　　　　　　　　　　　　108021086